BIM先进译丛精读系列

BIM 的 关键力量

BIM Specifics

［新］凯泽（Kesari Payneni）著

潘婧　刘思海　苏星　译

陈光　审校

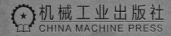
机械工业出版社
CHINA MACHINE PRESS

很多时候，BIM 的实施和管理被认为是一个需要大量文档的烦琐过程，这导致年轻的建筑师或学生对从事 BIM 相关工作不感兴趣。本书旨在通过图说的方式来展示 BIM 实施的过程，从而鼓励学生和年轻的从业者群体参与到 BIM 工作中来。

本书的核心在于 BIM 方法论和 BIM 实施体系，主要以结构化的方式来讲授 BIM 实施过程所需的基础认知。这样的方式也有助于业主快速了解典型 BIM 实施过程中所需的步骤。

本书可作为 BIM 从业人员提高自我的自学用书，也可作为培训机构的培训用书。

本书从 BIM 方法论和 BIM 体系的层面上进行阐述，其特色在于能够提纲挈领地将 BIM 这种整体性极强的知识体系描绘出来，篇幅不多但非常全面，是一本小而精的 BIM 总纲类图书。作者的学术和实践的功底非常深厚，相比于大部头来说，本书能够让读者快速建立对 BIM 的全局认知——这是一个完全不同于传统的建筑信息化的新范畴，既不从属于传统业务却又与之交融一体，既独立又融合。作者描绘 BIM 的角度可称之为"上帝视角"，即作者始终从全局出发来阐述具体的细节，始终以一个总纲拎起所有的细节形成一套方法论和体系，这也许是 BIM 那种高度整合的精妙思想所致吧。本书最大的优点是对 BIM 方方面面的问题都进行了剖析，但由于每个国家、地区，每个组织、机构在实施 BIM 时会面临各种各样不同的问题，所以并未对所有细节都进行深入和全面的阐述，而仅将关键问题、关键细节展开适当地进行纵深式讲解，给出具体的关键指导原则。整体上收放自如，在上百部 BIM 出版物中属上乘之作。

纵观全球 BIM 界，能够全局性地描绘一个完全不同于传统建筑行业信息作业的新格局的书籍，还真的非常缺乏，这是我推荐这本书的主要原因。

对我国的读者来说，BIM 的这种全面性大大提升了学习的难度。当前，我国BIM界正在如火如荼地实践着这个来自西方发达国家的技术理念和方法，一时间中国竟成为全球最大的 BIM 市场，但是相当数量的实践还比较初级，甚或采用双轨制——BIM 这一条新轨道的运作水平在相当高的比例上还没有达到传统轨道，更谈不上对传统行业的引领和提升了。究其原因，一方面是 BIM 概念所涉及的专业面太宽以致学习过程漫长，这是全世界的读者都会面临的挑战，另一方面则是我国的整个建筑行业的生产力发展水平尚不及发达国家，从

业人员尚处于较低水平的生产方式之中，还正在努力透过 BIM 这个水晶球一窥高水平生产方式。后者则是我国市场的时代特色和局限，因此我在本书最后撰写了疑难注释，用于解释有着代差的生产方式的区别，以及对于 BIM 应用的影响。

陈　光

译者序——如何使用本书

我国的 BIM 技术发展刚起步，所以与之相关的理论研究不够深入，标准、规范也存在各种各样的缺失。因此我国在大力推广 BIM 技术的同时，也出现了非常多的问题。而这些问题大多基于传统流程而产生，也都没脱离软件、数据等的现实束缚，最终使得问题多种多样、繁复至极。从表象到本质，归结起来，我国 BIM 实施真正的问题出在方法论和体系的建立上。

要真正改变我国 BIM 当前繁荣又混乱的现状，就必须多多借鉴国外的 BIM 方法论和 BIM 体系，建立起具有我国特色的 BIM 方法论和体系，那么本书就为此提供了参考。要使阅读价值得到更大提高，应该注意以下几点：

1. 本书在翻译过程中虽然精益求精，但依然可能与原文原意有出入，这是不可避免的。因此，对于可能出现不同理解的词汇以及所有图片都保留了原版英文。读者在阅读时应该多加注意对比，同时也十分欢迎批评指正。

2. 阅读时可以先通过目录一窥作者的写作思路，然后在阅读时再对目录进行思考。目录体现了 BIM 方法论和体系，而这些也都是 BIM 的关键力量所在。

3. 本书虽然介绍了这些年作者对 BIM 方法论和体系的实践和感悟，但并没有展开巨大的篇幅细细道来。一是因为国外对于工程的保密工作做得很出色，甚至有保护主义的一些特点；二是国外读者的阅读习惯是"举一反三"，因此在写书时也常常带有这种思维方式，很多图书都不会直接告知答案，而是留下了很大的空间供读者联系自己的情况进行反思、总结；三是作者也在不断成长。

尽管保密，但是国外作者在写书时大多很负责，会尽力将所感所悟、所知所想表达出来，这也是近几年引进类图书在国内受到巨大欢迎的根本原因之一。所以，读者在阅读时一定先不要反对作者的观点，总觉得其幼稚、不可理解，或者根据自己已有经验觉得其是错误的；也一定不要有"国外 BIM 比我们落后多了"的想法，这可能导致"惊天顿悟"和"行业剧变，晴天霹雳"般的 BIM 幻觉。在阅读时应该联系自己所在组织、机构的情况多加思考、感悟，从全局出发进行全盘考虑，将组织、机构的 BIM 方法论和体系切实建立起来。

4. 为更好地理解本书要表达的内容，陈光老师特意撰写了疑难注释，供读者参考。

V

最后感谢为本书做出过贡献的朋友们：李灵芝博士、徐宁博士、王军教授、徐照博士、张荣博士、郭立教授、陈伟伟博士、鲁敏、杨牧、周广霞、朱益培、庄晓烨、杨淋、宋家宏、崔焕玉、谷博、马腾、马思佳、张鹏、张华。他们来自光铭 FMBIM 研究院、BLC360 教育翻译组、BIM 专业机构及高等院校。

译 者

目　录

第1章
什么是 BIM

1

BIM 过程/BIM 管理（Building Information Modeling/Management）对于传统建筑行业来说，是"一站式"的项目管理系统。

BIM 是在项目全生命周期内，使用富含信息的三维模型作为中心数据库，在项目利益干系人之间共同进行创建、检查和沟通协调项目信息的一个过程（Process）。

BIM 过程/BIM 管理（Building Information Modeling/Management）是一次对于传统的项目工作流线性模式的大转型。三维信息模型有助于从图形与数据表格式两方面帮助项目利益干系人沟通、获取以及管理信息，从而提高项目质量。

1. 传统的项目工作流

传统项目生命周期是一个线性的过程，包含如下阶段：

- 规划阶段。
- 概念设计阶段。
- 设计深化阶段。
- 施工阶段。
- 运营阶段。

线性的项目工作流具有明显的缺点，比如信息的丢失、许多重大决策直到最后还是只有模糊的信息等。此外，线性的项目工作模式未能使项目相关各利益方尽早地参与到项目当中，并且无法完全避免项目突然中止的情况。

2. BIM 的项目工作流

BIM 的项目生命周期鼓励项目团队全体成员在全周期内进行合作。BIM 还提供了信息丢失最少、无缝沟通的平台，使项目团队能够在早期进行重大决策。

目前在建筑行业，BIM 被认为是可提高生产率、提高项目质量和进行持续性建设的重要方向。在许多国家，BIM 都是强制实施的。早期的 BIM 用户都已经提高了效率和生产率，获得了变革的收益，这使得他们在行业中获得了竞争优势。

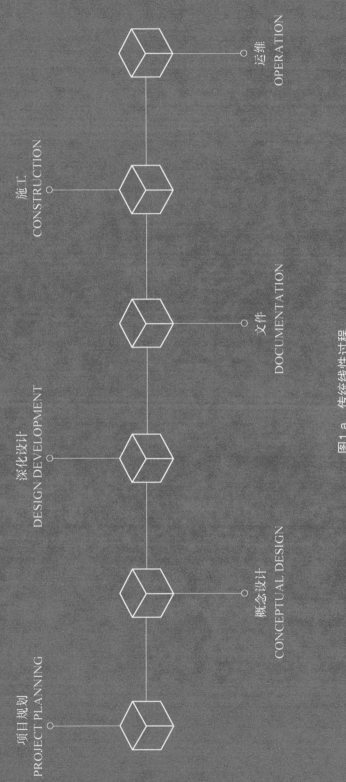

图 1.a　传统线性过程

项目规划
PROJECT PLANNING

深化设计
DESIGN DEVELOPMENT

施工
CONSTRUCTION

概念设计
CONCEPTUAL DESIGN

文件
DOCUMENTATION

运维
OPERATION

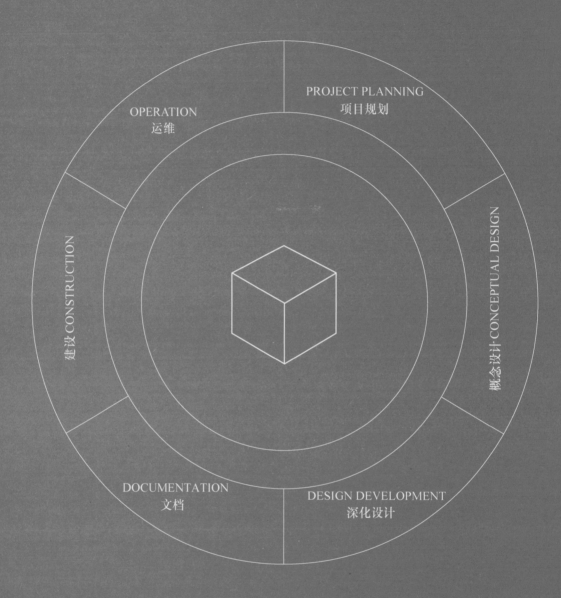

图 1.b　使用 BIM 的整合式过程

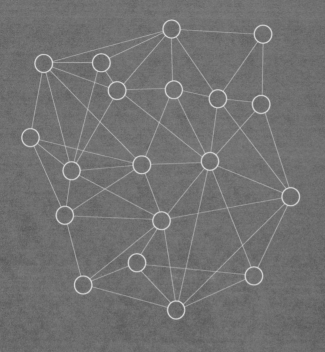

DISTRIBUTED
分布式

图1.c 传统协作模式

DECENTRALIZED
去中心式

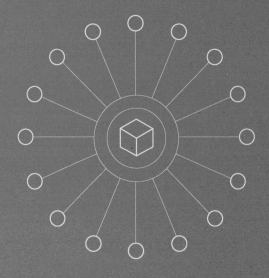

CENTRALIZED
中心化

项目各利益方　○　PROJECT STAKEHOLDERS

BIM模型　◇　BIM MODEL

图 1.d　BIM 协作

1.1

BIM 过程（Modeling）

BIM 过程是指创建、分析并使用富含各类信息的三维模型，从而做出有依据的设计决策的过程。

BIM 作为一个过程，主要涉及的是创建和分析富含信息的三维模型。许多模型是在一个项目的全生命周期内逐渐被创建的，以实现项目在各阶段的目标。每个模型都包含具体为某种目的而创建的信息，并且在多数情况下，同样的模型是从一个阶段到另一个阶段通过加入更多的细节和信息而实现深化的。

1. 概念设计模型

在概念设计阶段，建筑师团队作为项目主导咨询方而建立了项目的第一组 BIM 模型。这组概念设计模型将被用于建筑形体格局设计（Massing），以及早期规划参数、朝向、风向分析等。在此阶段，建筑师团队与机电、结构等专业工程师的紧密合作是极为重要的。

2. 设计深化模型

当概念设计完成后，建筑师将和各专业工程师共同开发多专业 BIM 模型。在概念设计阶段已经创建的许多信息将在此阶段再次被利用，从而避免重复建模工作。在此阶段建立起来的各类模型还将会被用于详图设计分析，以及进行全专业的综合设计协调。

3. 施工模型

施工模型通常是由承包商使用前一个阶段的设计模型继续开发出来的。施工模型通常包含该项目施工及装配式工艺相关的特定细节信息。施工模型将被进一步深化，用来分析施工进度，以及生成工程量清单以用于成本估算。

4. 竣工模型 (As-Built)

竣工模型是在项目现场实际建造的过程中同步完成的。现场所做的各项决定都被记录在竣工模型中，以通过 BIM 模型来反映和记录最终建成建筑的准确信息。

1.2 BIM 管理

BIM 管理（Building In-formation Management）是指在项目全生命周期内对富含各类信息的三维模型进行管理和维护的过程。

作为管理意义上的 BIM 过程（BIM as Management），是围绕 BIM 模型而进行的一系列工作，以确保项目信息能够正确地进行维护和沟通。一个 BIM 项目的管理过程和传统的工作方式是非常不同的。BIM 项目要求项目利益干系人在项目初期就要紧密参与。BIM 鼓励项目团队全体成员进行更加紧密的合作，从而避免信息的损失。

1. 工具技术 （Technology）

BIM 是在新工具频繁被引入市场的情况下迅速发展起来的。模型的建立和维护都需要特殊的软件和硬件，这也是实施 BIM 项目前需要考虑的一个主要方面。BIM 数据与传统项目相比体量巨大，也更加复杂。这就需要项目团队具备足够的系列技能来用 BIM 管理项目。

2. 进度管理 （Schedule）

BIM 环境下的项目进度组织方式不同于传统工作流。在实施 BIM 的项目中，项目团队成员需要在项目早期段做出决策，并为决策提供所需信息。这就要求项目进度为项目开工前的阶段预留更多的时间。

3. 协同作战 （Collaboration）

协作是任何建设项目成功的关键所在。BIM 模型能使项目团队在协作性更强的环境下一起工作。基于 BIM 的协作能使项目利益干系人在项目所有阶段更精准地获取关键性的项目信息。如果能在项目开始阶段建立起一套建模和沟通的标准方法并要求项目团队遵循这套标准方法实施，那么基于 BIM 的合作就会更加简单、可行。

在一个项目中实施 BIM，前期就要开始准备：建立标准和工作流并对项目团队成员进行基于 BIM 的培训。

1.3 BIM 的优势

在项目各阶段，包括从设计到运营，在 BIM 环境中开展工作，其优势是非常明显的。

通过建立 BIM 模型，项目各类信息得到了更有序的管理，从而改善了信息的沟通，增强了信息的透明度，给项目质量和生产率带来了整体的提升。

BIM 已被大量项目证明其有助于提高项目质量和生产率。基于 BIM 模型，项目团队能够在施工开始前创建并体验虚拟建筑，从而有助于项目团队做出更佳的设计决策。使用三维环境中可视化的方式进行项目信息的沟通更是极大地减少了信息的损失。

1. 组织层面的优势

在组织层面上，实施 BIM 不仅能使该组织跟上行业最新实践，而且能带来一些其他收益：

- 提高生产率。

- 沟通的增强。

- 减少碰撞错误和工程洽商（RFI）。

- 改善信息控制能力。

- 对项目咨询方和其他项目利益干系人的管控。

- 对成本的管控。

- 提升项目整体质量。

- 提高竞争优势。

- 产生新的业务机会。

2. 项目层面的优势

在项目层面上，使用 BIM 的收益在项目全生命周期的各阶段都有体现（详见本书第 2 章 BIM 应用）。

- 提升设计的可视化。

- 使用各种项目参数开发多种设计方案的能力。

- 可持续性分析和深化设计。

- 各专业的充分协调。

- 早期设计的碰撞错误识别。

- 精准的工程量和造价预算。

- 在施工阶段早期进行决策从而节省成本和时间。

- 可施工性分析。

- 监控进度、成本、和施工过程。

1.4 BIM 的投资收益率（ROI）

在传统模式下采用 BIM 需要很大的投资。鉴于与传统工作流相比所发生的巨大工作方式的转变，大部分组织在实现预期的投资收益率之前，都将会经历一段非常陡峭的学习曲线。

对 BIM 实施过程施加良好的管理，就能带来持续稳定的提高。

BIM 的投入既能产生短期效益也能产生长期效益。然而，很多情况下项目的投资收益率的计算，会受到 BIM 实施早期带来的陡峭的学习曲线和生产率降低的显著影响。

在计算 BIM 实施的投资收益率上，应考虑除软硬件之外更多的项目因素。投资在 BIM 应用的主要优势之一在于提高生产率和项目信息的清晰度。以下列项将显著影响 BIM 投资收益率的最终预期。

1. BIM 投资

- 软件和硬件。

- 培训和知识分享。

- 新员工成本。

- BIM 维护成本。

- BIM 咨询。

2. BIM 带来的损失/收益

- 生产率降低/提高。

- 项目质量提高。

- 培训周期。

- 项目收益率提高。

一般来说，BIM 投资的盈亏平衡点的到来往往比期望的要慢。对中小型公司来说，BIM 投资实现盈亏平衡需要 12 ~ 24 个月的时间（参考本书第 4.4 节关键绩效指标）。

$$投资收益率（ROI）= 损失（收益）/投资额$$

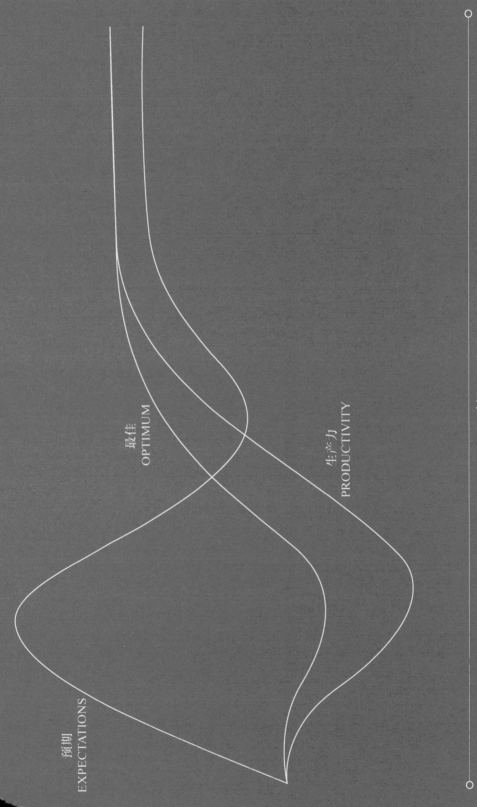

最佳
OPTIMUM

生产力
PRODUCTIVITY

预期
EXPECTATIONS

时间
TIME

图1.e BIM生产率曲线

MANAGE EXPECTATIONS FOR OPTIMUM RESULTS

通过管理期望值获得最佳结果

1.5 BIM 成熟度

BIM 的实施涉及改变和管理项目内、外部工作流的多个方面。

业内标准将 BIM 实施的成熟度划分为三个等级。

无论是在项目级别还是组织级别，采用 BIM 都是一项涉及面大且时间上敏感的实践活动。BIM 的采用级别是根据该项目或组织通过实施 BIM 所获得的价值来分类的。

1. 第一级

BIM 成熟度第一级也被称为"孤立的 BIM"，是最基本和最容易实现的 BIM 实施阶段。在此阶段，仅在组织内部把二维图纸和三维模型组合起来完成其工作内容。尽管对于热衷于 BIM 的人士来说是很好的起点，但 BIM 的真正价值在此阶段并未实现。

2. 第二级

BIM 成熟度第二级由组织内、外部相关各方共享模型进行合作性更强的工作以优化设计。这样做有助于团队中多专业设计人员在项目早期就进行高水平的设计协调。BIM 成熟度第二级要求项目团队考虑项目三维建模之外的更多问题，如项目团队对其沟通和协同过程的战略性规划等。

3. 第三级

尽管 BIM 成熟度第二级已经涵盖了 BIM 使用带来的最广为人知的诸项优势，但 BIM 成熟度第三级才真正在团队协作上达到了新的高度。BIM 成熟度第三级的定义是项目各方通过读取一个三维模型中心数据库来获取相关信息的过程。此阶段的 BIM 要求项目有一套成熟完善的项目数据管理流程。

要实施 BIM 的企业需根据项目类型、当前工作量、现有项目团队结构等进行分析后，然后来确定本组织 BIM 实施的成熟度。

chapter 1

第1级
LEVEL 1

3D FOR INTERNAL TEAM WORK
内部团队的三维工作

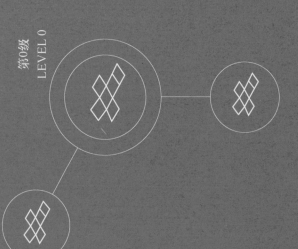

第0级
LEVEL 0

TRADITIONAL 2-D WORKFLOW
传统二维工作流

图1.f BIM成熟度等级

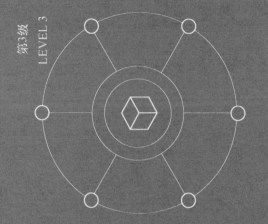

第3级
LEVEL 3

INTEGRATED BIM WORKFLOW
整合的BIM的工作流

第2级
LEVEL 2

BIM FOR COLLABORATION
基于BIM的合作

项目各利益方　　○　STAKEHOLDERS

二维信息　　　　　2D INFORMATION

BIM模型　　　　　BIM MODEL

图1.f　BIM成熟度等级（续）

1.6

组织内部的 BIM 实施

在一个组织内部依靠自身力量去建立 BIM 体系，比利用外部咨询方力量的过程要慢得多。

当然，依靠组织自身的能力在内部实施 BIM 体系则会有不错的长期收益，这可以通过选派内部人员或直接聘用有 BIM 体系实践经验的全职人员来实现。

在不依靠外部咨询等资源支持的情况下，在组织内部实施 BIM 需要有巨大的改革决心。在实施初期，项目启动所需的团队建立、时间管理等，应在不影响现有工程项目工期的情况下进行。

1. 指派一个负责人

在组织层级的 BIM 实施过程中，找到正确的负责人来影响和鼓励整个团队是最重要的。BIM 负责人应能为团队 BIM 实施中的各项活动提供方向，并对同事以及其他管理者就 BIM 及其优势进行宣传教育。

2. 管理期望值

在没有外部支持的情况下实施 BIM 时，最重要的事就是设立切实可行的目标。与全体决策层领导明确设立正确的期望值尤为关键。要实现这一目标的唯一办法是自上而下进行 BIM 实施，即由高层鼓励并支持公司成员获得所需的工具和知识。

- BIM 实施是一个耗时的过程，并且是一项长期性的工作。
- 组织级的 BIM 实施需要经历一段漫长的学习曲线。
- 在初期阶段会降低生产率。
- 仅有软件无法获得 BIM 的价值。
- 和专业工程师一起工作并共同成长将使双方受益。

3. 在组织内部实施 BIM 的优势

尽管在组织内部依靠组织自身力量实施 BIM 需要更多的努力，但这样做也有其独特的优势：

- 团队将获得显著的学习经验。
- 基于现有工程项目来制定灵活的截止日期。
- 前期所需成本较低。
- 在可交付成果上没有什么约束局限。

1.7 外部 BIM 咨询

利用外部 BIM 咨询团队的力量，有助于在 BIM 实施早期就获得立竿见影的效果。对外部 BIM 咨询服务进行良好的管理，也有助于更快地实现目标。

理想的 BIM 实施模式，是使用内外部员工混合的工作团队。

与完全依靠本组织内部力量的 BIM 实施相反，使用外部 BIM 咨询力量进行 BIM 实施的过程和结果都非常不同。外部 BIM 咨询团队可在服务周期内扮演专题事务专家的角色。但是，组织内部应该对外部咨询团队的活动进行密切的监控，以确保达到期望值。

1. 外部顾问的参与度

如考虑聘用一支外部 BIM 咨询团队，那么明确参与度及制订工作范围都是十分重要的。当然，理想的局面应该是内外部团队紧密协作，才能获得最大价值。

BIM 咨询团队的工作范围可划分为两大类：组织级和项目级。

2. 组织级 BIM 支持

- 该项服务有助于团队快速克服陡峭的学习曲线。

- 工作范围应不仅限于 BIM 系统的设立，而还应有对整个团队为使用该系统所必须的知识的培训。

- 仅有软件无法获得 BIM 的价值。

- 和专业工程师一起工作并共同成长将使双方受益。

- 组织级 BIM 体系的建立是一个很耗时的过程，因此建议在合同上避免按工时或材料计费，最好是固定价格合同。

- 了解咨询团队提供的全部可交付成果，并从中挑选并仅挑选那些能给组织带来长期收益的可交付成果。

- BIM 系统维护通常不作为工作的一部分，而应考虑由本组织团队去执行该工作。

- 成功是由可交付成果来衡量的，而不是由生产率的提高或降低来决定的。

- 成果是预设好的，但不够灵活。

3. 项目级 BIM 支持

- 项目级的 BIM 参与方法比组织级的简单很多。

- 可交付成果应与项目的 BIM 应用点相吻合，如 BIM 模型、BIM 协调和冲突检测等。

- 为所有的可交付成果制定一个合适的质量控制检查清单是至关重要的。

- BIM 立竿见影的效果可以从项目级的特定咨询中获得。

- 和专业工程师一起工作并共同成长将使双方受益。

1.8 Open BIM

随着新技术日新月异的发展，BIM 模型不应局限于某种特定的软件或技术。

Open BIM 是一种能够提高各类软件互操作性的理念，它使得信息协作不再被建模软件所局限。

使项目各方以更好的协作方式共享项目信息，是 BIM 的核心理念和价值所在。Open BIM 的目标在于为整个行业提供为实现上述共享所需的工具，从而使信息共享不局限于建模软件工具。

1. Open BIM 的优势

- 实现透明和无缝的信息共享。
- 对工具技术的可控性。
- 流程标准优先于软件工具。
- 全生命周期的项目各方都受益。
- 整个行业的 BIM 沟通标准化。

制定能够影响整个建筑行业的标准化流程和格式是一个很复杂的过程。以下两个最普遍使用的 Open BIM 标准，分别是 IFC 和 COBie。

2. IFC：行业基础分类

IFC 是一个由 buildingSMART 创立并维护的开放标准。IFC 的文件格式作为 Open BIM 中较为成功的一种，所有主流 BIM 软件都在不同程度上支持 IFC 格式。IFC 作为一种数据文件格式，常被看作是可被其他 BIM 软件读入和导出（可互操作的）并携带有构件级信息的三维模型的格式。

3. COBie：施工运营建筑信息交互

如果说 IFC 是基于三维模型的数据文件格式，那么 COBie 就是一个以电子数据表格式在项目运营维护阶段由项目利益干系人传达相同项目信息的非图形化数据。在 BIM 与 FM 系统的整合方法之中，COBie 的作用越来越突出，越来越显得这是一条正确的道路。电子数据表格式使 COBie 更加人性化和易于理解。

除了使用正确的文件格式，Open BIM 还要求项目团队承诺遵从其设定的标准，并中立地共享信息。

1.9 变革管理

成功地进行 BIM 变革，不只是购买软件这么简单。把 BIM 实施过程进行结构化分析，主要包括三方面：人员、流程和技术。

意识到这项变革在所有级别上的重要性，是在组织层级上成功实施 BIM 的第一步。BIM 的实施应由更高级的管理层使用结构化的方法来达成短期和长期目标。

这些目标可通过正式书面化的 BIM 实施战略来达成。

BIM 实施战略应该涵盖人员、流程和技术这三方面的变革。同时，该战略中还应包括用来监测变革情况的关键过程指标。

1. 人员

在适应新的工作环境的同时，还要实现更高质量的设计，这个过程的人员压力是很大的。在这种情况下，利用一个好的治理模式来驱动 BIM 实施就显得很重要。确保参与到此变革过程中的每个人都意识到这项变革的重要性，并获得他们所属团队的支持，这是成功变革的关键所在。

2. 流程

在 BIM 环境下工作不仅仅是所使用的软件技术的变化。在 BIM 环境中，伴随着更频繁的沟通，组织级和项目级的具体工作流会更加需要统筹协调。这些流程应预先设定好，并作为 BIM 战略的一部分进行测试。工作流应该包括管理和技术两方面。

3. 技术

在 BIM 实施过程中，最大的变化是工具技术。作为建筑行业关注的中心，BIM 的新软件、新工具不断频繁出现。要想改变组织级的核心软件工具，就要对 BIM 软件中的可用功能进行仔细的分析。在 BIM 实施战略中制订工具技术的升级计划也是很重要的一部分。

以上三个方面同等重要，在本书后续章节中将详细介绍。

第 2 章

BIM 应用

2

如果我们把 BIM 当做是一个涵盖项目生命周期且从设计到运维的全过程的管理工具，那么 BIM 模型就可以发挥出全部潜力。

BIM 模型作为实体建筑的数据化表现形式（Digital Representation），富含现实世界中建筑构件（Building Elements）的物理和功能特征，有很多信息是所有项目利益干系人都会用到的。BIM 的应用超越了传统的设计和施工范畴，通过提供丰富的虚拟可视化和准确的项目信息而延伸到了建筑的全生命周期。

1. 全过程中丰富的可视化功能

BIM 第一个且最明显的优点就是可以提供三维模型而使每个人都能提前看到项目在现场完工的样子。在传统模式下，三维可视化仅仅为设计和市场宣传之用，但 BIM 会为团队在不同阶段通过提供可视化模型信息而带来额外价值。

2. 信息的高度准确性

在任何施工项目中，进行良好协调和维护的项目信息是通向成功最重要的保证。通过向一个整合的三维 BIM 模型中集成所有二维图纸和一些信息集合，可以保证项目信息在任何时间都是准确的并可进行协调。

3. 面向所有项目利益干系人

BIM 工作流和概念的核心是使所有项目利益干系人都可以开放地进行交流、沟通。透明和诚信的交流使团队可以在早期发现问题和风险，从而在以后的阶段内节省大量资金，避免重大陷阱。很关键的一点是，项目早期或之后的所有参与者都应该明白模型的目的和生命周期以及它们对项目的影响。

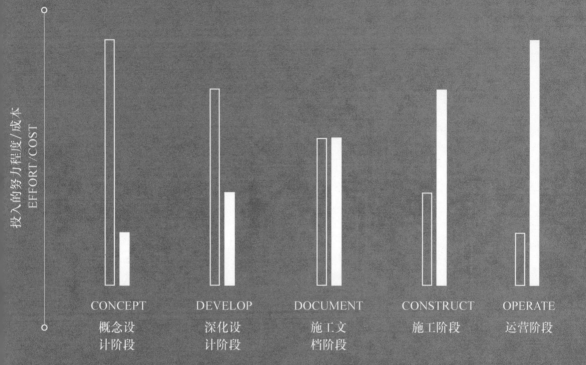

图 2.a　变更灵活性 VS 变更成本

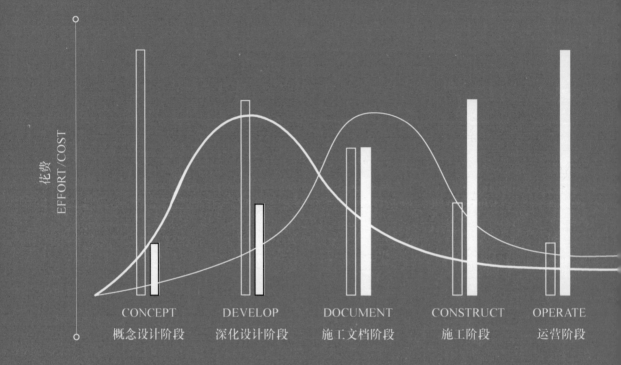

图 2.b   传统工作流 VS BIM 工作流

2.1 规划

在规划阶段使用 BIM，会把所有关键的总体规划因素带进一个整合的三维模型环境中。把所有规划信息在三维环境中进行整合，会给项目带来一个良好的开端，令团队充分了解项目且帮助团队带着自信开始设计工作。

使用 BIM 启动项目的优势在于模型中整合的信息能够贯穿项目整个生命周期。规划是一个关键阶段，因为在此阶段中将识别出项目远景和商业目标，并且明确定义好后续步骤。

在规划阶段，BIM 可用于不同层次。

1. 工作空间功能规划 （Programming）

为项目做三维的工作空间规划（Spatial Planning & Programming），将使团队可以准确地定义、分析和保存重要的参数，如总建筑面积、空间分类和空间逻辑关系。

2. 场地总体规划 （Master Planning）

分析和理解项目所在地及项目总体规划方面，将确保设计方向符合当地政府规范（Code）要求。在开发场地模型（Site Model）时，加入周边的已有基础设施信息可以更好地完成此项工作。

3. 空间体量推敲 （Massing Studies）

在对项目的场地和位置都有了初步了解之后，就可以开发三维空间体量模型来研究建筑的高度、层数和整体形式。BIM 允许团队可以对多种设计方案做实时的分析。

4. 总概算和总工期 （Initial Budget & Schedule）

对项目范围和目标有了清晰的认识后，可以利用上述空间体量模型生成的工程量，来开发高级别的项目概算和大的阶段计划。像单位面积成本这样的指标，就可以作为一个很好的起始点。在项目后期使用不断完善起来的模型，就可以对预算和工期进行更好的监控和开发。

2.2 设计

使用 BIM 的主要原因之一就是能够做出高质量、有可持续性并且美观的设计。这是通过为团队提供丰富的可视化三维模型，以及对设计中可持续性因素进行分析的能力而实现的。

在丰富的三维可视化环境中工作是 BIM 带来的最明显和最突出的特点。在业内，BIM 在设计阶段的优势已是众所周知。

1. 概念设计

最终确定下来的设计概念会在整个项目全生命周期内被遵循，所以概念设计也是全生命周期中的一个最重要的阶段，它影响着其他所有阶段。BIM 模型可以帮助团队去理解设计的各方面，如定向、光照路径和阴影、风向、空气流通循环等，这些可以大大地提高所做决策的质量。

2. 可视化

以三维模型的形式实现项目可视化并以此进行某些决策，能为设计者和业主带来巨大的收益。目前市场上已经开发出来的 BIM 工具，渲染功能很强大、用户界面友好，用户不需要多少经验，就可以快速生成高质量的渲染效果。基于云技术的渲染工具还允许用户继续延伸工作，并大幅度减少对用户电脑硬件的依赖。使用 BIM 模型开发虚拟现实体验将成为一种普遍做法。

3. 设计协调 / 碰撞检测

在项目设计协调阶段使用 BIM 可以节省大量的时间和成本。一个巨大的优势在于能够使用碰撞检测工具来自动辨识来自多方的碰撞冲突，并在实际施工开始前就予以解决。

4. 施工文档 （Documentation） 和工程量清单

BIM 模型是使用了代表真实建筑构件的软件元素进行开发的，如墙、门、窗等。这种模型技术为团队提供了准确工作并避免协调不当的能力，这相当于传统上同时利用数据清单（工程量）和图纸（平面图、立面图等）的做法。

2.3 施工

BIM 在施工中能协助控制进度和预算。在项目施工阶段，模型可用于模拟施工流程，这会帮助团队检测包括任何临时性设备和已有的永久结构之间的冲突，同时能够在材料采购阶段准确地算量以减少不确定性。

在项目中，大部分的预算都会用在施工阶段，因此在施工前保证一切都有计划、有组织是至关重要的。如今的 BIM 工具和流程已经足够成熟，可以在施工计划和监控上对项目进行无缝支持。

1. 施工计划/4 D

集成了时间参数的 BIM 模型使团队可以模拟和分析项目的施工进度。能够在虚拟环境下把工程模拟一遍可以帮助团队调整进度来避免冲突，并能协助采购和计划人工。

2. 造价/5 D

准确估算材料和成本对项目的成功至关重要。通过把成本参数整合到模型里，BIM 模型能用来对项目成本进行准确度极高的估算。这也使得团队可以更好地选择材料和施工技术来控制项目预算。

3. 施工监控

在施工现场使用多套二维图纸已经是过去时了。今天在工地都可以访问 BIM 模型了，这使得工作人员可以更好地理解预期效果，这也会帮助那些相对缺乏经验的施工队伍完整地理解整个项目。在现场使用笔记本电脑和触屏移动设备观看模型，能对施工工作状态进行高质量的无缝监控。

4. 竣工模型

一个完整的 BIM 竣工模型对业主和运维人员来说是一份宝贵的资产。该模型应该集成施工阶段做出所有决定的完整文档，包括设计更新和建材设备产品选型等。

2.4 FM 管理

拥有井井有条的项目信息对 FM 管理（Facility Management）极为有利。使用 BIM 进行 FM 管理能够发挥出 BIM 和模型的全部潜力。

在虚拟环境下使用三维模型来跟踪 FM 管理的行为动作的能力，可以帮助 FM 经理（Facility Manager）做出及时且准确的决策。

在施工阶段建立的模型被应用于 FM 管理阶段，是其价值的最佳发挥。竣工模型中井井有条的信息对 FM 经理非常有用，并且 BIM 的工作流程使团队可以把信息输出成任意格式。

1. 建筑试运行和功能验证 （Building Commissioning）

新建工程的建筑试运行和功能验证是一项范围广泛并且复杂的工作，需要团队考虑覆盖整个工程范围的很多参数。在基于 BIM 模型的试运行和文档管理流程的帮助下，同样的传统二维图纸和人工填写检查清单有了参照信息，也能够变得更加准确和高效。

2. 空间管理 （Space Management）

大型项目的工作空间管理利用各类翻修工程和维护维修，来满足入驻用户的需求。在竣工模型的帮助下，团队能够有效地辨识、计划和监控翻修工作。

3. 可持续性

在现阶段市场中，跟踪和监控建筑效能 （Building Performance） 来满足其可持续性目标是一项必需的工作。BIM 中丰富的可视化和准确的信息能帮助团队进行能源使用、维护的监控和计划工作。

4. 建筑智能化

虽然 BIM 和建筑智能化系统之前被普遍认为是两个分离的系统，但现在 Open BIM 的工作进展正促使业界探索集成 BIM 模型和已有智能化系统的可能性，以帮助更好地进行建筑智能化控制。

2.5 逆向建模

三维点云扫描逆向建模（Scan To BIM）是建筑业 BIM 技术的最新进展。很多已有建筑存在图档信息陈旧或残缺的情况，通过扫描逆向建模可以准确地完善图档。

历史建筑及工业建筑的复杂机械设备经常有着错综复杂的设计特征，逆向建模对这种具有设计特征的文档编制工作（Documentation）用途巨大。

三维点云扫描逆向建模使用激光扫描技术生成点云来记录已有构筑物，有着极佳的准确度。使用测量工具来人工记录已建工程的方法已经过时了，现在正被扫描逆向建模所取代。

1. 点云 （Point Cloud）

向建筑内外表面发射多角度的激光射线，反射回来就可以生成点云数据。每个阻挡住激光射线的物体都会被记录为一个点，许多这种点的集合可以形成一个面。点云的精确度可达 5mm。点云数据比较复杂并且文件很大，需要精心计划扫描工作及适当的硬件来管理。

2. 转化为 BIM 模型

虽然点云自身可用于测量建筑构件的距离和尺寸，但很明显下一步是把点云转化成 BIM 模型，这种转化是一项手动建模工作，需要把点云模型作为背景。

很多主流的 BIM 工具可以读取点云作为参考数据。然而，实现自动化的模式识别从而把点云转化成 BIM 模型的方法仍在开发中。

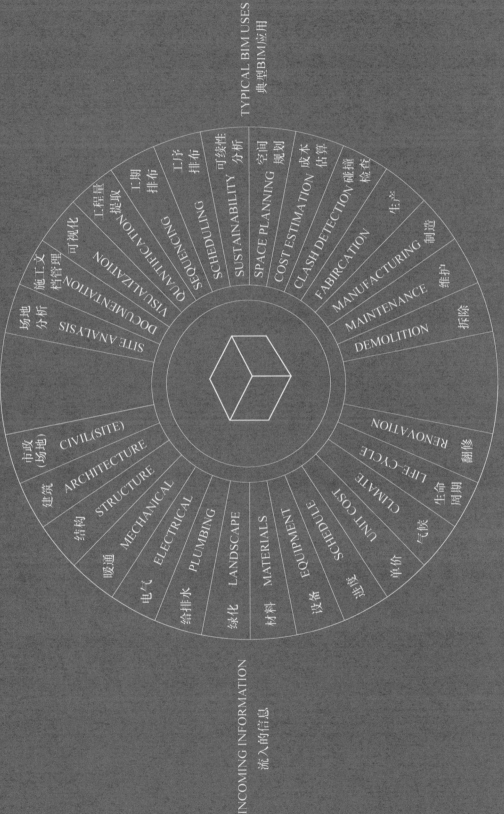

图2.c 流入的信息和典型BIM应用

TYPICAL BIM USES
典型BIM应用

INCOMING INFORMATION
流入的信息

第 3 章

3

信息之于 BIM

　　一个 BIM 项目要求模型包含有项目各阶段的最新相关信息。这些集成进模型的信息的详细程度应当正好满足项目的 BIM 要求，这样可以限制模型的大小并易于管理。

　　模型常根据其包含的信息的种类不同而被划分成不同的维度（Dimension）。

3. 1　3D-BIM
3. 2　4D-BIM
3. 3　5D-BIM
3. 4　6D-BIM

BIM 模型区别于其他仅为设计可视化而做的模型的最大不同，是包含在 BIM 模型中的"信息"（Information）。BIM 模型可以携带一个建筑生命周期中所需要的各种信息。然而，如果没有一个良好组织起来的流程来管理各阶段的信息，那么就有可能造成信息过载和复杂化。

1. BIM 的维度

BIM 的维度（例如 3D、4D、5D 等）根据用途把模型划分了不同类别。每种 BIM 用途都需要把一系列特定的数据集（项目信息）包含进模型构件中。根据数据对模型的分类，在执行过程中可以建立一套标准的模型开发和管理流程。

2. 细度级别（LOD）

细度级别/开发深度级别（Level Of Detail/Development）是用来进一步对模型完成度进行分类的术语。LOD 最鲜明的使用标准之一，就是根据模型包含的信息量，无论 3D 还是 2D，把级别统一定义为 100、200……等。业界有很多可用的 LOD 标准，它们应当仅被当成是一个指导方针，明白这一点很重要，因为每个项目都应当根据自身需要和 BIM 目标来制定自己的 LOD 矩阵。

BIM 实施过程中所面临的一个主要挑战就是管理和维护模型包含的信息的完整性。设计和建模人员很容易被带偏，而把跟 BIM 使用无关的信息加进去。有一个标准和模板的话就可以避免这种现象，同时需要建立质检流程来保证模型遵从正确的标准。

chapter 3

3.1 3D-BIM

3D-BIM 模型是在项目设计阶段开发出来的模型。它使用精确尺寸来表达建筑几何形体，以便查看和交流设计意图。

3D-BIM 模型与传统的通过几何表面拉伸建立的模型不同。3D-BIM 模型是通过真实世界中建筑构建种类来组织的，如墙、门、窗等。

虽然 3D 是一个通用的术语，但 BIM 模型与传统的基于几何表面构成的模型有显著不同。它们需要携带相当数量的信息才可以被称之为 BIM 模型。

3D-BIM 是基于建筑构件对象而制订出来的模型，这些对象是可以代表真实世界的建筑构件的，如墙、门、窗等。

这些模型中的由设计定义的构件应当包含准确的尺寸（长、宽、高）。许多相关信息应当以参数的形式集成进模型中，或者根据项目的 BIM 使用规则在二维图纸上表现出来。

根据模型的不同目的，LOD 矩阵应该被开发出来帮助指导建模团队决定模型需求的三维和二维信息。

1. 可视化

三维 BIM 模型大多被用来做可视化。然而，要成功地从模型生成有质量的输出，模型需要包含准确的几何信息和高质量的材料信息。

2. 专业协调

用于专业协调的 BIM 模型更加复杂，除了准确尺寸之外，还需要别的信息。BIM 协调员必须能轻松地将模型构件分类成不同的科目和组，这将有助于理清任务的优先级，以及在设计协调中使用分门别类的色彩帮助协调。

3. 算量

为算量而开发的 BIM 模型需要合理地组织好文件，并把构件按照规则分解。建模方法和命名规则是两件非常重要的事。

3.2 4D-BIM

包含每个构件施工进度信息的三维模型可以认为是4D-BIM 模型。

4D-BIM 模型是施工计划阶段开发出来的，被用于模拟、分析和规划施工进度。

时间进度被当做是 BIM 的第四个维度。通常来说，把模型从 3D 转化为 4D，为每个构件添加进度相关的信息，或者把传统的项目计划同步到三维模型中去。

4D-BIM 模型通常用来开发在建筑施工、现场设备，以及采购工作中的表示所有现场活动进度的工序动画。工序动画可以帮助团队找出问题，计划整个施工流程，并提前避免潜在风险。

1. 施工段划分 （Project Phasing）

通过简单地把模型构件根据时间参数划分到他们所属的阶段，项目团队可以把项目规划（包括施工分区、临时和永久结构等）进行可视化。

2. 施工模拟

在破土动工前能够观看项目在虚拟环境中的建设令很多业主对项目更明了。开发施工模拟模型时的一条通用规则是按照将来的现场施工顺序制订一个完全一致的模型。这会帮助团队在进行施工模拟时轻松地把特定日期和时间集成进每个模型构件中去。

3. 可建性研究 （Buildability Study）

带有工序排布动画的 BIM 模型使团队能够评估工程项目的可建性。在如今的建筑业中，针对设计方案的项目性质进行可建性量化评分已经有了实践。

4. 进度监控

使用 4D-BIM 模型来监控现场施工活动可令所有业主更好地理解项目状态。4D-BIM 模型可以帮助团队评测风险并相应地对物流进行规划。

3.3 5D-BIM

集成了工程量和单价等信息、用于项目预算造价工作的模型，就是 5D-BIM 模型。

5D-BIM 模型可以在项目计划阶段进行施工过程模拟，5D-BIM 使用可视化的模型和富信息的价值工程分析来管理预算。

成本被当做是 BIM 的第五个维度。5D-BIM 模型可以用于项目的预算造价工作，这是通过把成本相关信息集成到算量（Quantity Take-off）模型而实现的。

在入门级上，BIM 模型被用于根据材料单价计算所有施工所用材料的成本，这对于团队的主要好处在于能够在设计变更时自动更新预算。

现阶段 5D-BIM 模型主要被用来计算材料成本，而把施工逻辑和延误成本等因素集成进模型的方法还处于发展过程中。

1. 价值工程和造价工程 （Value & Cost Engineering）

BIM 是一个能为团队提供开发和分析多种设计方案能力的迭代过程，能够对各方案实时更新预算造价，使用了 BIM 模型的价值工程分析流程会变得更加省时和有效。

2. 生命周期成本 （LCC）

生命周期成本需要分析工程项目从发起到拆除的总成本，在这个过程中需要考虑的重要事项包括建设成本和满足建筑效能要求的运维成本。

使用 5D 的能力来构建并涵盖项目生命周期的 BIM 模型，将会精简团队在生命周期的成本核算工作。5D-BIM 模型还可以应用于建筑系统的能源效率（Energy Efficient）分析，并进行多方案对比。

chapter 3

3.4 6D-BIM

嵌入了运维相关信息（如维护计划和产品手册等）的竣工 BIM 模型（As-built model）被认为是 6D-BIM。

6D-BIM 模型被认为是描述了整个建筑工程的全信息模型。

开发到 6D 水平的 BIM 模型，定义了建筑信息建模的最大潜力和终极用途。6D 是指在 3D 环境下准确表现了完整施工的 BIM 模型，并包含了建筑构件对象层级的信息，如技术规范（Specification）、保修、运维细节等。

有 6D 信息的 BIM 模型用于直接或间接地集成于一个现成的 FM 管理系统，并以正确的格式为之提供所需信息。

1. 空间设施资产信息 （Facility Information）

该阶段模型所包含的信息是各种各样的，并且比 3D、4D 和 5D 更复杂。BIM 团队与 FM 管理团队直接合作是很重要的，这能够更好地理解数据格式和所需要的细节水平。在项目运维阶段，这些数据将帮助监控建筑效能和 FM 手册规定的维护活动的进行。

2. BIM 与 FM 集成

项目的 FM 管理关联到很多部门的工作，如空间管理、运维管理和资产管理等，它需要各种不同格式的项目信息。现阶段主要用第三方工具来把 BIM 数据移植到 FM 管理系统中。BIM 模型和设施管理系统间的双向数据链将为项目团队带来诸多利益。

3D–BIM MODELS
3D–BIM模型

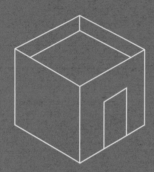

4D–BIM MODELS
4D–BIM模型

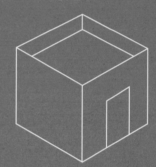

图 3. a　模型中的维度（信息）

5D–BIM MODELS
5D–BIM模型

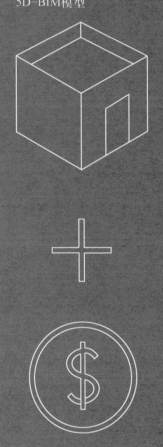

6D–BIM MODELS
6D–BIM模型

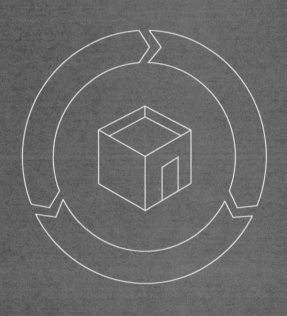

图 3.a　模型中的维度（信息）（续）

第4章

BIM 路线图

4

BIM 路线图是着手应用 BIM 前要走的第一步。它有助于理解和记录组织的现状，并确定恰当的目标和前进的方向。

一个经过深思熟虑的路线图将帮助团队监控实施过程，并能够逐渐适应战略的变化。

对任何技术的贯彻，路线图都是至关重要的。对 BIM 更是如此，BIM 的实施需要团队理解实施的层级并有明确的目标。根据团队的不同计划，路线图可以有很多种。

很重要的一点是要确保 BIM 路线图与其他有关措施和目标保持一致。这就需要团队与内外部那些有关于日常工作和决策制定的各方都通力合作。这有助于确保整个项目团队一起成长，在 BIM 项目中获得成功。

一个成功的 BIM 路线图包含如下关键因素：

- 公司的 BIM 愿景。
- 已有技术和工作流程的评测。
- 长期目标和短期目标。
- BIM 团队和组织结构图。
- BIM 应用目标。
- BIM 标准和模板的开发。
- 技术工具升级。
- 培训和知识分享计划。
- 关键绩效指标（KPI）。
- 项目实施计划。
- 试点项目。

一个路线图应当被当作是一份活生生的文件，不仅用于帮助监控流程的实施，还在必要的时候用于帮助应用策略的更新。

chapter 4

4.1 评测

当在组织层级上要推行 BIM 时，针对组织现有的状态进行评测是非常重要的，如评测正在使用的工具技术和工作流程等。

评测有助于理解团队成员的工作，从而确定实施 BIM 所面临问题的主次关系。

无论是首次应用 BIM 还是对原先 BIM 应用环境进行升级，对现阶段状态和能力的评测将会有助于团队确定需要改进的领域和相应的实施步骤。制订一个评测方法需要团队收集关于 BIM 实施中多方面的信息。

1. 组织级评测

组织级别的 BIM 应用评测报告应包含如下关键方面：

- 典型项目的服务范围和 BIM 的参与情况。
- 内外部相关活动的现有工作流程。
- 现有软件、硬件及升级需求。
- 现阶段工作所面临的挑战和问题。
- 原先 BIM 项目的施工文档信息。
- 调研能用于 BIM 的软件、硬件及这些软硬件是否适用于本组织的 BIM 实施。
- 内部团队的 BIM 能力和经验/培训要求。
- 外部团队（咨询师）的 BIM 能力和准备。
- 相关项目截止日期和目标。
- 对当地政府单位的 BIM 法规和指南的研究（如果适用的话）。

2. 项目级评测

项目级 BIM 实施需要团队更多地与项目利益干系人合作，评测需要考虑所有的项目具体事项：

- 项目服务范围和 BIM 的参与。
- 项目和进度的现状。
- 项目团队的 BIM 能力和培训要求。
- 现有的挑战和提升空间。
- 现有项目信息，如图纸质量、细节和演示报告标准等。

BIM 实施需要花费时间和成本，把这些方方面面的因素都考虑进评测之中是很重要的。

4.2 短期目标

BIM 实施是一项渐进且耗时的过程，并且总会出现新的提升空间来获取新的收益。

把那些一旦上 BIM 就能取得立竿见影的效果列成一份短期目标列表，这会非常有利于 BIM 工作维持向前进的势头。在短期内能够完成既定目标将帮助管理层和工作团队建立自信，激励团队继续前进。

　　显而易见的一点是，BIM 投资的真正回报一般要到成功实施后的几年才会显现出来。但同时，BIM 在项目层级上也会带来一些立竿见影的收益。我们可以通过瞄准这些立竿见影的收益来制订 BIM 路线图，同时为将来获得真正回报而努力提升自己的能力。

　　准备一份短期目标列表是很重要的，这可以在早期就产生胜利的喜悦，并保持团队的自信。短期目标可以帮助项目在早期就测试已有的 BIM 策略并且定时做出改进。

关键的短期目标

如下是一些能够保证使用 BIM 获得早期收益的关键点：

- 额外购置 BIM 应用效果更好的软件和硬件。

- 根据选定的 BIM 应用点来制定 BIM 标准和模板。

- 挑选二维对象库（Library）转化为 BIM 格式。

- 挑选团队成员进行培训，培养成为 BIM 骨干。

- 组织一个 BIM 专门工作组作为负责组织内所有 BIM 事宜的窗口。

- 根据评测报告发现和解决现存的问题。

- 简化内部的 BIM 相关沟通。

- 满足当地政府在 BIM 方面的特殊建筑法规和要求（如果适用的话）。

- 使用新的工作流程成功地完成试点项目。

- 根据现阶段状态达成预先选定的 BIM 成熟度等级（2 级或 3 级）。

把完成短期目标要做的工作进行分解，将保证团队能够持续改进，而同时组织层面上要在后方为完成更大的愿景目标做准备。

4.3 长期目标

在完成短期目标来保证团队在应用之路上前进的同时，管理层准备一个长期目标列表也是非常关键的。

长期目标将有助于开发一个实际实施的案例，以及提供一个投资收益方面的视角。

在工作团队不断向设定的短期目标迈进时，长期目标可以帮助组织维持一个正确的 BIM 愿景。

长期目标有助于更好地了解组织在业务增长、发展战略等方面的更大愿景。

长期关键目标

- BIM 被视为一个组织层级上的项目管理系统。

- 提高生产率。

- 在所有组织层级上的工作完成从 2D 到 BIM 系统的转变。

- 作业层和管理层都要充分培训，有能力轻松地完成日常 BIM 工作。

- 获得 BIM 实施投资的回报，并为下一步做打算。

- 建立一个 BIM 生态环境，带有强大的能够配合上项目的外部咨询力量。

- 改进内部和外部日常项目工作的效率。

- 改善项目设计团队和项目利益干系人对 BIM 的理解。

- 所有项目都减少信息损失和设计碰撞冲突。

- 超越正常工作范围来提高所有项目的质量。

- 达到既定的 BIM 应用等级目标（2 级、3 级或 4 级）。

- 推广宣传 BIM 能力，获得新的业务机会。

BIM 的实施应被看成是一个在各阶段取得全面改进的漫长旅程。在长期目标提供正确的方向来满足公司对 BIM 的远景展望的同时，对现有工作流程和标准进行频繁的测试和改进也是非常重要的。这会帮助组织跟上技术发展的步伐并且在业内保持强大的竞争力。

chapter 4

4.4 关键绩效指标

建立一个有效的绩效考评系统能够帮助组织在完成既定目标的过程中不走弯路。关键绩效指标（KPI）将在开发过程中帮助发现 BIM 策略上的问题。KPI 应开发出来能够同时帮助考评组织层级和项目级具体成果。

根据 BIM 既定目标确定 KPI 是接下来的重要步骤。

1. KPI 的重要特征

- 绩效考评系统需要组织级的 BIM 目标及愿景一致。

- KPI 要量化，以帮助跟踪 BIM 实施的进展状态。

- 确定可以达成的目标值。

- 在确定 KPI 的同时考虑财务和运营方面的配套实施。

- 绩效考评应定期举行。

绩效指标可以帮助考评 BIM 策略和改变传统流程上的成功与否。

2. 组织级 KPI

- 服务/产品质量改进程度。

- 内部团队满意度。

- 外部咨询方满意度。

- 环境效率。

- 企业利润和业务增长。

- 团队技能和经验。

- 生产率和效率的提高程度。

- 沟通的透明度。

3. 项目级 KPI

- 合同工作（Scope Of Work，SOW）的工时。

- 项目预算节省/超支。

- 设计碰撞冲突。

- 客户满意度。

chapter 4

4.5 技术工具升级计划

为 BIM 升级时，需要采购新的软件和硬件。一个配套于 BIM 实施策略的技术工具的计划能够使这个过程更加经济、有效。

BIM 是一个需要使用特定软件工具的过程，相应地就需要高端的硬件来运行软件。能够运行 BIM 的软硬件比较复杂并需要相当大的投资。因此，重要的一点是在升级过程中采取分阶段且可扩展的方法。

一份成功的技术工具升级计划将帮助团队保持组织完整性，并满足执行策略规定的软硬件需求。

1. 制订一份技术工具的计划

开发一个技术工具升级计划的关键步骤如下：

- 针对既定 BIM 目标/应用研究可用的软件。
- 确认最佳软件以帮助实现服务范围（参见第 7 章 BIM 技术）。
- 把已有设施现状记录进评测报告中。
- 确认硬件要求以及相比现有硬件所需要的升级。
- 根据支持 BIM 系统开发和试点项目工作的 BIM 策略来开发一份延伸计划。
- 与可用软、硬件的销售商商议报价。
- 升级计划文件要记录存档。

决定使用某特定 BIM 软件/技术是一个重要的决定，为之开发的标准、模板和手册将与软件使用的 BIM 术语一致。应当在进行恰当的市场调研后再做此决定。

2. 选择正确的技术工具

决定正确的软件工具时主要应该考虑的方面包括：

- 软硬件特征是否支持项目工作范围。
- 是否有成套产品来覆盖项目周期和与第三方软件间的互操作性。
- 复杂程度、学习曲线和培训需求。
- 是否有来自销售商以及其他用户群的社区和论坛的支持。
- 购买软件的灵活性、按照购买功能付费的灵活性以及更新拓展的灵活性。

chapter 4

4.6 培训计划

新技术和流程的实施需要项目团队学习新的技能。一份可以保证团队技能满足要求的培训计划很重要。

实施和使用 BIM 方法需要团队经历一段陡峭的学习曲线，主要因为软件复杂的功能，以及更多的协作流程与传统方法不同。

培训员工来使用全新设计出来的工作流程在任何 BIM 项目中都是决定成败的一环。开发一个全面的培训项目将帮助团队保持组织性，并满足 BIM 项目的资源要求。

制订培训议程

制订培训议程时要注意以下关键问题：

- 确认和记录现有的技能矩阵作为评测报告的一部分。

- 在整个项目周期组织和记录培训要求、课题和时长。

- 在管理层和作业层都考虑培训（参见 5.5 节）。

- 开始计划培训之前建立基本的 BIM 标准和模板。

- 为每节课制作培训手册/材料。

- 调研代理商和销售商提供的免费入门培训课程。

- 记录培训的后勤需求，如硬件、软件和场地要求等。

- 准备培训后的评价清单和考试方法。

- 激励同学间互相帮助和提高教员水平。

- 充分考虑学员已有的工作负荷。

- 当聘用外部培训人员进行培训时，与教员紧密合作以确保材料与项目所用的 BIM 系统和策略一致。

- 保证培训过的员工把所学知识上手应用到工作上来获得实践经验（工作中的培训是最好的培训形式）。

- 计划制订双周或每月的知识分享课程来讨论关于软件和系统的升级和进步。

- 根据资源需求记录培训进度。

4.7 实施进度计划

实施 BIM 的方法论需要仔细的计划，因为它涉及开发和改变影响到企业每日工作的很多方面。

把 BIM 的实施分配到多个阶段中很重要，这样可以满足不同阶段的 BIM 需求，还能避免对任何已有的项目工期造成影响。

恰当地为实施 BIM 制订进度计划需要团队考虑周全。制订日程时，BIM 的扩展也需要在业务的多方面进行考虑。

1. 确定任务包

准备一份详细的任务表，把任务分解到多个任务包中。如果能对每项任务所需要的技能有清晰的认识，这将帮助每项任务确定所需资源。

2. 顺序排布 （Sequencing）

开发 BIM 系统是一个复杂的过程，团队工作需要遵从一定的逻辑顺序。应当致力于在早期就完成部分 BIM 系统的开发，这与我们在培训工作中所说的异曲同工。把培养 BIM 专门工作组的技能作为最优先事项。确认关键里程碑（Milestone）来帮助监控进度。

3. 预估时间周期

以人工时的形式记录完成每项工作所需要的时间。为审阅、检查和更新系统设置时生成的产品分配合适的时间。

4. 进度计划和监控

根据工序和是否有资源可用，开发实施进度计划并考虑现有的项目负荷。记录并向团队报告进度计划，且根据反馈更新。

定期根据预先设定的里程碑审阅进度，必要时要做出调整。

采用这种有组织的方法来开发一个实施进度计划将有助于发现并减轻任何早期可能遇到的风险。

chapter 4

图4.a BIM路线图样例

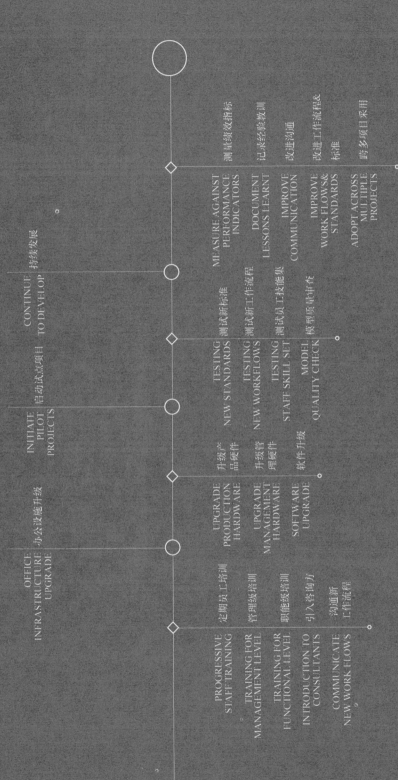

图4.a BIM路线图详例（续）

第 5 章

BIM 团队

5

给予 BIM 团队以特定角色和令其承担起责任，对于实现组织级和项目级的 BIM 实施是很有必要的。这包括雇佣新员工的同时，培训老员工来接管 BIM 应用所涉及的新职责。

学习获取正确的技能对任何技术的实施都是至关重要的，对 BIM 这种需要员工学习和采用一种全新工作方法的情况来说更是如此。BIM 方法需要把一套新的角色和责任融入组织中来领导和支持技术的实施并完成日常工作。

1. BIM 专门工作组

作为建立 BIM 团队的第一步，成立一个小型的专家团队作为专门工作组可以为此工作取得先机。BIM 专门工作组是一个由领导者和择优选出的有经验的工作人员组成的队伍。

作为最低要求，团队应当有能力完成以下工作：

- 研究、学习最新的业内技术发展动向。
- 理解实施 BIM 的重要性和优势，组织对 BIM 的展望。
- 感染同事去学习和采用新技术并保持队伍的信心。
- 开发和维护组织的 BIM 系统，包括标准、模板和手册等。
- 在计划的里程碑节点上向管理层监控和汇报实施情况。
- 为组织针对 BIM 系统编写最佳应用手册和培训手册。
- 通过讲课和手动操作形式对员工进行技术和操作培训。
- 管理和监控 BIM 试点项目来帮助测试 BIM 系统，必要时提出改动建议。
- 组织定期的知识分享活动来为员工补充最新的实践技术和方法知识。
- 作为组织内的针对 BIM 工作的第一联络人，联系内部和外部各方。

2. BIM 咨询方 （Consultant）

BIM 是一个协作的过程，外部咨询和其他各方都有很强的 BIM 能力，这对成功完成项目是很重要的。

3. 团队协作

每个项目都要求团队向着实现既定宗旨的唯一目标前进。BIM 工作流程需要内部、外部团队成员进行紧密的交流。一个有经验的团队领导（通常是 BIM 总监）应当协助提供需要的指南。

5.1 BIM 总监

BIM 总监是一个在组织层级推行 BIM 实施的高级职位。一个 BIM 总监也应为管理层灌输 BIM 实施带来的各种利益的理念。

　　BIM 总监是一个为组织所定义、领导所有 BIM 发展方向的领导型角色。这个角色在其他管理团队和专职于 BIM 的员工之间搭建起沟通的桥梁，并指导 BIM 经理来保证公司对其 BIM 远景展望进行规划并完成。

　　虽然 BIM 总监不需要有关于软件的细节技术知识，但这个角色应该对 BIM 的深度有所了解。BIM 总监应该对市面上不同的 BIM 工具有大体的了解，帮助组织挑选并确定合适的 BIM 技术。

　　一个有经验的 BIM 总监的关键职责包括：

- 向管理层传授、灌输对 BIM 进行投资和实施。

- 为组织建立 BIM 专门工作组，组内包含内部和外部团队成员。

- 鼓励团队研究和学习业界新技术。

- 领导 BIM 应用工作，包括标准和方法的开发。

- 管理新的试点项目来测试新方法，并在必要时协调员工间的工作。

- 与软件销售商和代理商保持联系，了解企业动向。

- 在各种活动和客户见面会上通过演讲和报告的形式为组织的 BIM 能力做市场宣传。

- 开发 BIM 的市场宣传策略并协调 BIM 所需资源。

- 与市场总监合作，保证组织良好的市场形象。

chapter 5

5.2 BIM 经理

作为管理层和作业层之间的单独联络人，BIM 经理在核心 BIM 团队的帮助下领导和支持 BIM 应用流程。

　　作为组织内一切 BIM 事项的单一联络人，BIM 经理需要有深度的技术和管理能力。这个角色是发起、管理和维护 BIM 实施过程的关键。

　　在组织层级上，BIM 经理应该按照既定方针和远景规划指导核心应用团队。BIM 经理应监控 BIM 实施的所有阶段并及时领导团队完成计划目标。

　　在特定项目的层级上，BIM 经理应当具有专家级的技术水平，来指导协调员和建模人员在正确的方向上完成项目任务。BIM 经理应能够在所有项目上进行设定并推行一致的标准，然后定期检查模型的质量。

BIM 经理的关键责任

一个有经验的 BIM 经理的关键责任包括：

- 开发和汇报针对 BIM 实施的组织级的 BIM 路线图。

- 指导 BIM 实施团队向既定的 BIM 目标前进。

- 记录、汇报 BIM 实施的状态。

- 开发组织级的 BIM 工作流程和标准来给所有项目使用。

- 开发一个组织层面的知识分享平台来支持团队间更好的交流。

- 与 BIM 总监紧密合作来保证工作团队清楚地了解管理层的展望和规划。

- 根据实施计划为所有员工提供培训。

- 根据项目团队的人员技能管理项目专有的培训需求。

- 与项目经理紧密合作来开发项目专有的 BIM 标准。

- 在全项目上指导团队理解一致并使用相应的 BIM 标准。

- 保证模型质量，监控项目信息。

- 通过紧密的管理项目专有 BIM 协调员来支持内、外部合作。

- 致力于组织层级的改变，使工作步骤更有效、更有可持续性。

5.3 BIM 协调员

BIM 协调员（Coordinator）在项目级的 BIM 应用中扮演者重要角色。该角色负责保证 BIM 模型的开发和交流符合标准和规定的工作流程要求。

BIM 协调员是项目专有的负责所有 BIM 事宜的单一联络人。

在 BIM 经理负责组织和项目层级 BIM 工作的同时，BIM 协调员常致力于一个或多个项目的 BIM 工作。因为管理项目专有 BIM 具体工作通常非常耗时并且时间要求紧迫，BIM 协调员是 BIM 项目中的重要角色之一。

BIM 协调员应具有优秀的交流能力，同时还应具备在软件方面较高的技术水平，在组织层面上能够参与 BIM 系统的制订。在有 BIM 相关的工作经验之外，该角色也需要对一个多方参与的施工项目的所有专业都有大体的了解，来帮助协调项目各方。

一个成功的 BIM 协调员的关键责任包括：

- 支持 BIM 经理的工作，协助组织级 BIM 系统、模板和标准的开发。

- 为选定的 BIM 项目编辑和管理项目执行计划。

- 为实现最佳工作实践和完成最佳 BIM 标准来管理、监控项目 BIM 建模团队。

- 开发项目 BIM 专有智能库，该智能库应符合组织级 BIM 智能库的标准。

- 管理与其他各方和项目业主的 BIM 协调工作。

- 管理所有项目利益干系人的文件分享流程，确保格式正确。

- 定期对挑选的项目和文档做质量分析和质量检查。

- 在完成项目任务的过程中发现 BIM 方法的问题并向 BIM 经理提出解决方案。

- 为内、外部各方做项目专有 BIM 问题的单一联络人。

chapter 5

5.4 BIM 建模员

传统模式下的 BIM 建模员（Modeler）可以看作是一个画图（Drafting）的职位。BIM 建模员是一个对建筑师/工程师的支援型角色，需要根据项目要求辅助开发和建立 BIM 模型。

作为设计流程的一部分，建筑师、设计师或者工程师自身也应该亲自着手建模工作。

　　在传统意义上，BIM 建模员与 CAD 画图人员是同义词，但前者需要学习除建模和审图工具外的更多内容。

　　一个成功的 BIM 建模员应该能够理解设计人员提供的概念模型/草图，并按照模板准确开发出满足要求的细度级别的模型。这需要对建筑设计和模型包含的基本施工技术有建筑师/工程师级别的理解。

　　一个典型 BIM 建模人员的关键责任包括：

- 准确地开发出能够表达设计意图的 BIM 模型，以对建筑师/工程师的工作形成支持。

- 理解各类办公文档的提交标准和要求，能够根据 BIM 模型生成准确的二维文档。

- 多方协作时对 BIM 协调员进行支持。

- 根据公司制图标准为各方特定的模型准备协同模型。

- 为建筑师/工程师记录和汇报建模过程中发现的问题。

- 着手提出潜在解决方法并在 BIM 模型上测试设计方案来支持建筑师/工程师。

chapter 5

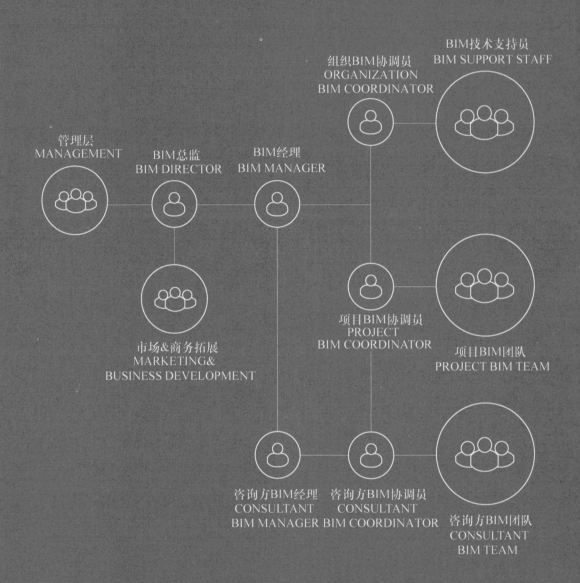

图 5. a 组织级 BIM 团队

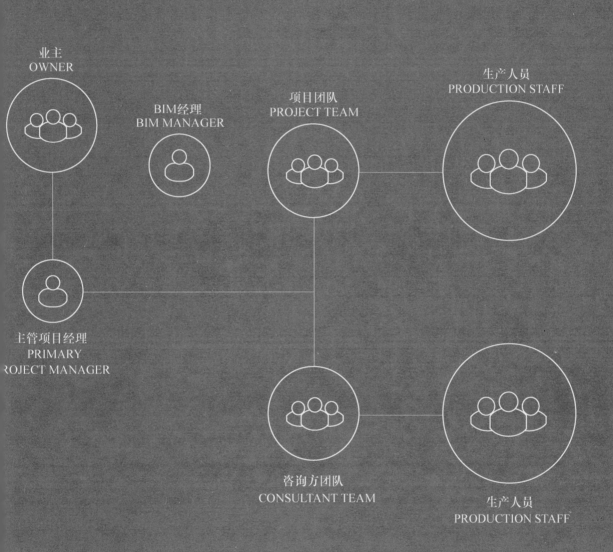

图 5. b　项目级 BIM 团队

5.5 培训

一个成功的 BIM 团队需要新技能集来学会使用先进的 BIM 工具集。

参与该过程的各级成员（管理层和作业层）都需要接受培训。确保团队跟上新技术发展的速度也是很重要的。

在 BIM 实施过程中，培训是非常重要的一个方面。

1. 人力资源——BIM 培训

建立一个 BIM 团队需要已有的人员学习新知识并且可能需要为关键 BIM 职位雇佣新员工。鉴于有经验的 BIM 人员稀少，找到正确的 BIM 团队人选是一项有难度的工作。人力资源团队应该通过培训了解基本的 BIM 概念并且了解公司对 BIM 应用的长远展望来帮助团队更好地找到合适的人选。

2. 管理层 BIM 培训

BIM 应用是一个自上而下的过程，从管理团队承诺采用新方法而开始。管理团队应该通过培训了解 BIM 的优势及应用过程中可能涉及的潜在风险。对整体概念和可用的 BIM 技术有一个清晰的了解将帮助管理团队为所需设备做出正确的投资决策，并创造公司层面上的 BIM 愿景规划，驱使团队在正确的方向上前进。

3. 工作组培训

工作组是由组织内部开发和使用 BIM 方法、工具的成员组成的。培训课程应当帮助成员们学习：

- 有关组织层级 BIM 发展方向的高级认知。
- 有关 BIM 概念和公司既定工作流程的深度认知。
- 使用正确的标准和模板去理解开发、管理和交流 BIM 模型。

chapter 5

5.6 留住员工

如今，对 BIM 专家的需求稳定增长，但发展中国家真正的 BIM 专家资源紧张，往往很难找到真正有经验的 BIM 人员。

建立一个强大的、培训过的、有经验的 BIM 团队是一份强度很大的工作，保证培训过的员工不流失是非常重要的。

在建筑行业，鉴于当前 BIM 市场人才稀缺的情况，对 BIM 人员的留用需额外留心。

1. 自下而上的、从基层开始发展队伍

强烈推荐把公司现有的员工培训为 BIM 人员，而不是完全雇佣新的有经验的 BIM 人员。现阶段 BIM 能保证快速的职业发展，随时有新的有吸引力的职位和工作职责出现。相比于雇佣新的 BIM 协调员，通过培训和提拔有能力的 BIM 建模员成为 BIM 协调员这种方法更能留住员工。

确保团队成员通过定期学习和体验新技术而不断成长来避免其在团队中产生停滞不前的感觉。要实现这一目标，可以定期组织知识分享活动和鼓励团队参加建筑行业活动、讲座。

2. 找出合适的 BIM 经理

BIM 总监能管理工作组和管理团队间的交流，而 BIM 经理则在保证 BIM 团队完整性上起到关键作用。一个优秀的 BIM 经理将通过使用更加快速、有效的工作方法来减轻协调员和建模员的负担。BIM 经理会在合适的时机把建模团队遇到的问题沟通给管理层，因此在关键时刻要给予建模团队相当程度的信任。

3. 薪水和工作范围

现在的工作市场为 BIM 专业人员在换工作时保证了快速的晋升机会。一个有经验的 BIM 建模员总会想成为 BIM 协调员，或成为薪水更高的 BIM 经理。如果给晋升的员工达到企业标准的薪水以及让其学到新知识的新工作范围和职责，则可以减少跳槽。

chapter 5

第 6 章

6

BIM 工作流程

BIM 是一个使用三维技术来更好地完成项目的过程。与传统工作流非常不同的是，BIM 是一个注重流程或过程型的新技术应用（Process Intensive Adoption）。

为发挥使用 BIM 方法的全部潜力，我们需要把项目工作流程标准化并严格遵守。

设计、开发、建造和维护一个工程项目需要项目利益干系人遵守多个工作流程和审批步骤。

正确的参与方在正确时间进行清楚的信息沟通交流是一个工程项目成功的关键。很重要的一项工作是开发、测试和流水线化各阶段的各种工作流程，包括信息交换、审批步骤、质量检查等。

制作流程图

流程图是对某种工作流程涉及所有工作的图像化表示。流程图应该清楚地记录执行某任务所需要的各种信息，并保证预期结果和正确格式。流程图将作为一份为所有业主和工作组成员准备的指南，按照所需方法执行任务，有效地取得高质量的成果。

开发一份有意义的流程图所包含的组成部分如下：

- 背景——该流程的目的。
- 任务——流程中所执行的任务列表。
- 输入——执行任务所需要的支持信息列表（文档、表格、清单等）。
- 资源——流程中记录的每个任务的负责方。
- 工序——流程中所有任务和应急方案的顺序表现。
- 开发、测试和优化工作流是应用流程中的主要任务之一。

一个 BIM 工程项目通常要开发如下重要流程图：

- 针对不同 BIM 任务（概念设计、深化设计等）的建模流程。
- BIM 多方协作流程。
- BIM 模型审阅和质检流程。
- BIM 执行计划流程。
- 信息交流和电子文件共享流程。

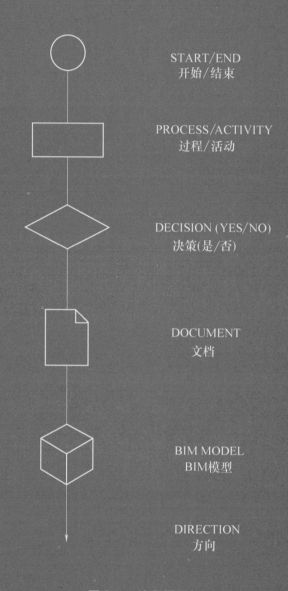

START/END
开始/结束

PROCESS/ACTIVITY
过程/活动

DECISION (YES/NO)
决策(是/否)

DOCUMENT
文档

BIM MODEL
BIM模型

DIRECTION
方向

图 6.a 流程图图标

定义工作流的布局
LAYOUT TO DEFINE A WORKFLOW

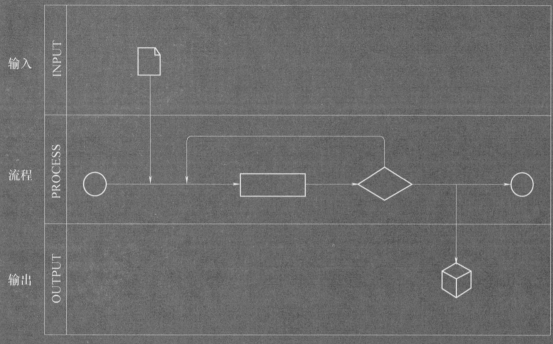

定义沟通 / 数据交换的布局
LAYOUT TO DEFINE COMMUNICATION/DATA EXCHANGES

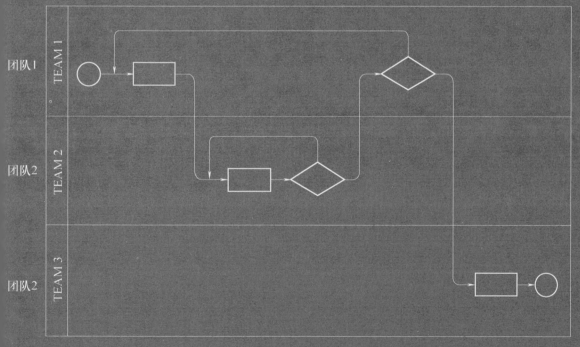

图 6.b　流程图布局样例

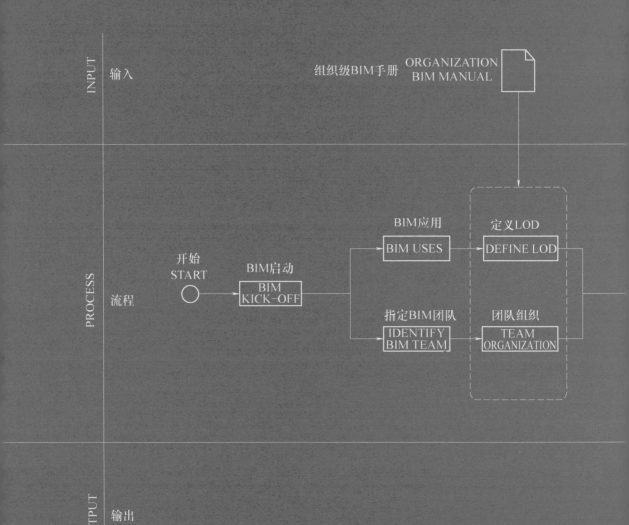

图 6. c　BIM

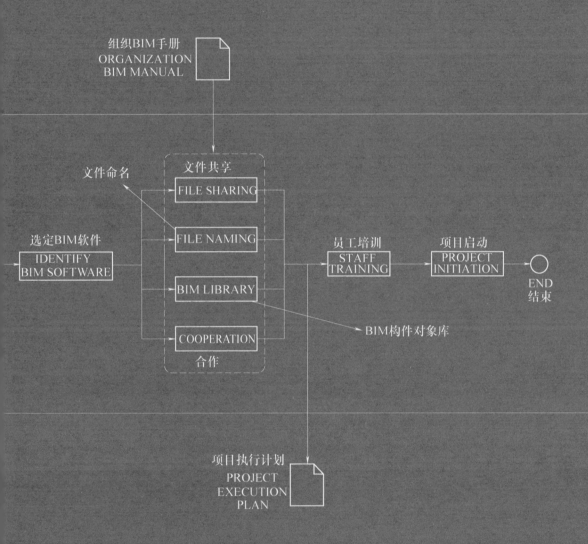

组织BIM手册
ORGANIZATION
BIM MANUAL

文件命名

文件共享
FILE SHARING

FILE NAMING

BIM LIBRARY

COOPERATION
合作

选定BIM软件
IDENTIFY
BIM SOFTWARE

员工培训
STAFF
TRAINING

项目启动
PROJECT
INITIATION

END
结束

BIM构件对象库

项目执行计划
PROJECT
EXECUTION
PLAN

执行流程样例

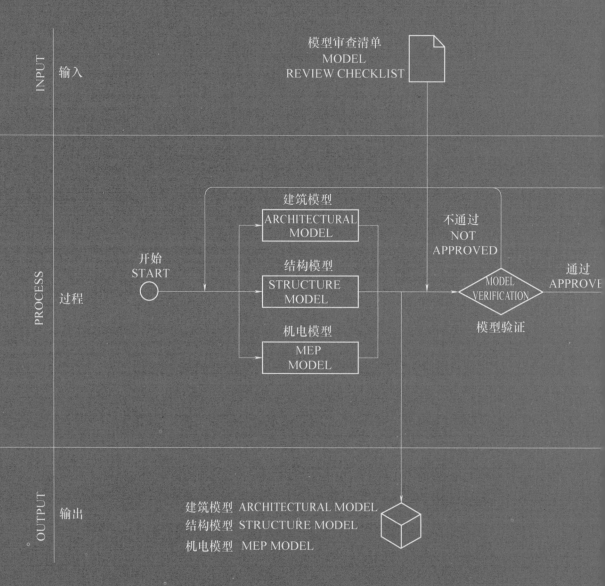

图 6. d　3D

CLASH
DETECTION MATRIX
碰撞检查矩阵

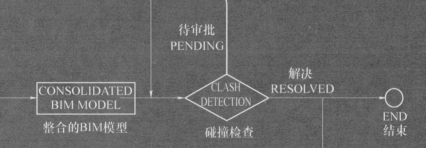

待审批
PENDING

解决
RESOLVED

CONSOLIDATED
BIM MODEL

整合的BIM模型

CLASH
DETECTION

碰撞检查

END
结束

协调模型 COORDINATION MODEL
建筑模型 ARCHITECTURAL MODEL
结构模型 STRUCTURE MODEL
机电模型 MEP MODEL

协调流程样例

第 7 章
BIM 技术

技术的发展极快而且永远在变化，如今新的软件和相应的硬件比以往任何时候的发展速度都更快。

为组织选择合适的技术合作伙伴和适当的 BIM 工具很重要。

在 BIM 流程中，技术是一个重要角色。没有正确的软件功能和硬件设备，BIM 流程将会更烦琐，且比传统以二维为基础的工作流效率还低。

技术选型的标准

很多软件销售商都在开发 BIM 工具，宣称能为项目实施 BIM 提高效率和提供各种好处。虽然市面上有无数可用的工具，但在决定使用某些软件之前还应考虑几点。做决定时让外部团队和所有项目利益干系人参与进来，这有助于在早期就发现互操作和数据互导的问题。

在为组织级 BIM 的实施选择 BIM 工具时，需要考虑的重点有：

- BIM 的使用目的——为正确的目的选择对的软件。

- 覆盖生命周期——确定软件销售商，确定其有一系列产品，涵盖大部分项目生命周期所需要的工具，这会对项目非常有利。

- 技术支持——考虑到在实施 BIM 时会出现陡峭的学习曲线，拥有一个坚实的支持团队来快速解决技术问题将对实施大有裨益。

- 项目实施计划。

- 试点项目。

- 资源——为一种特定的 BIM 软件雇佣有经验的人员是通常是很困难的。理想的情况是所选用的工具在业界有丰富的资源。多注意并寻找特定软件销售商提供的教学项目和培训计划。

- 学习曲线——应用 BIM 需要员工学习使用新工具。如果所选用的软件有与传统工具类似的用户界面，将缩短学习曲线。

- 互操作性——不提倡开发那种只能被某种特定软件打开的 BIM 模型，因为这与 BIM 的概念背道而驰，应寻找能够支持开源 Open BIM 的工具。

- 文件尺寸管理——BIM 模型文件通常比二维图纸文件大。找到合适的工具管理大型文件是很重要的。

chapter 7

7.1 BIM 工具

市场上有很多新的 BIM 软件，其中许多已经是基于云端技术开发的。决定组织采用哪些软件时必须充分考虑软件的优势和劣势。

　　BIM 的软件和硬件在过去的几年有突飞猛进的发展。市面上的每一种软件都有其独特的优点和缺点，但没有任何一种单一的软件可以在项目全生命周期执行所有功能。

1. BIM 建模工具

　　BIM 建模（Modeling/Authoring）工具能够开发出以建筑构件对象为基础的具有丰富信息的三维模型。这种工具被用于启动整个 BIM 的流程，它们有着杰出的能力把建筑元素归类成典型建筑构件，如墙、梁、管道等。

　　现在业内有很多技术领先的 BIM 建模工具是技术大咖公司开发的，如 Autodesk、Tekla、Microstation 等（参见 4.5 节 技术工具升级计划）。

2. BIM 分析工具

　　分析工具能够使用 BIM 模型来做分析，并生成可读的、可量化的结果。一些重要功能包括设计阶段进行建筑体量研究（如朝向和光照分析），设计开发阶段利用冲突检测来做设计协调，以及项目施工阶段进行进度模拟和造价。

　　分析工具应有能力通过使用统一文件扩展（如 Cobie 或 IFC 等）导入和导出不同软件开发的 BIM 模型（参见 1.8 节 Open BIM）。

3. 云端 BIM 工具

　　云端工具促进了更快和更紧密的合作，非常符合 BIM 使用概念。云端工具使用户可以在线存储 BIM 模型，项目团队可以在任何地点实时打开模型并进行分析。这些工具为项目团队提供了机会来调用分散于各地的专家资源。

chapter 7

7.2 硬件

实施 BIM 需要升级设备硬件，才能够把选定的软件用起来。

　　找到合适的硬件来流畅地开发和管理极耗内存的 BIM 模型是一件必需工作，这可以避免在应用过程中效率变低甚至失败。

　　组织层级的硬件更新最好按照技术更新计划分阶段来做。软件销售代理商的建议常常是使用中等配置的硬件而不让预算那么紧张。因此，理解硬件的升级潜力和组织的项目类别对在硬件方面做出正确决定是很重要的。

　　除了对处理器的要求，工作站可以被笼统地分为三类：

1. 用于专业生产业务的硬件 （Production Hardware）

　　这可以说是功能最强大的硬件，专为作业团队准备。这些工作站用来为组织开发 BIM 模型、分析和实施 BIM 任务。它们应该可以流畅管理多个同时打开的 BIM 模型来使工作更有效率。

2. 审阅和汇报用硬件 （Review & Presentation Hardware）

　　审阅和汇报 BIM 模型不需要全副武装的硬件。通常在审阅过程中使用的是轻量化的或是不可编辑的 BIM 模型，这种模型所带的信息较少，文件也比较小。这种工作站的配置可以比较低，提供给管理和设计团队。

3. 移动设备

　　所有主流 BIM 工具当前都支持触屏移动设备打开 BIM 模型并进行简单的操作。鉴于当前市场上的触屏移动设备价格低廉，建议为现场人员和市场团队配置，以在必要时可以展示 BIM 模型。

chapter 7

第 8 章

BIM 标准

8

开发和采用一个优秀的 BIM 标准对成功至关重要。BIM 标准应涵盖项目的信息建模和信息沟通等各方面。与外部团队共享和遵守同样的标准也可以带来更好的协作。

一开始应先为办公室开发一套涉及 CAD 图层和打图规则的标准。BIM 标准要比图层结构复杂且全面得多。这些标准要覆盖开发和管理项目信息的每个角落。

1. BIM 标准的重要性

在单一的项目中，会涉及多方/多项目利益干系人，利用 BIM 标准可以减少信息流失，使信息交换更加流畅。很重要的一点是，应当根据利益干系人的要求或当地法律法规，使所有项目利益干系人都使用同一套 BIM 标准。把信息（包括 2D 和 3D）的种类和数量标准化将能更好地管理模型大小，使模型随时随地可用。

2. 特定标准的使用

在网上可以找到好几种 BIM 标准和指南文件。整个团队应当使用同一套特定的、相关的标准，或者根据项目要求开发一套。

为项目而开发一个特定 BIM 标准，要考虑清楚模型的最终用途目标，这样做是为了避免建模工作半途而废和事后大量的模型清理工作。为一个 BIM 模型的所有方面做涵盖项目生命周期的标准化是很复杂的。全项目团队都应参与进这项工作，并帮助定义其工作范围内的标准。

根据 BIM 目标来编纂 BIM 标准是一种理想情况。一个典型的项目生命周期会用到如下关键 BIM 标准：

- BIM 设计标准。
- 协作标准。
- 算量标准。
- 施工计划标准。
- 施工文档标准。
- FM 管理标准。

chapter 8

8.1 建模标准

在项目开始前很重要的一项工作是把 BIM 模型的建立流程和所需信息要求标准化。这些标准将在项目生命周期的各阶段有步骤地协助模型开发。

在为项目的设计阶段开发 BIM 标准的同时，理解正在开发的模型的最终目的是很重要的。

BIM 建模标准在此阶段需要考虑如下方面：

1. BIM 建模软件

作为定义建模标准的第一步，理解 BIM 的用途和确定恰当的软件是至关重要的。理想情况是各类别的模型都用同一系列同一版本的软件开发，以便于协作。

然而，当如上所述无法实现时，应保证 BIM 建模工具的交互操作功能可以实现所有建模工具之间的数据转换，这也将为接下来的 BIM 工作带来便利，如模型协调、算量等。

2. BIM 模型细节等级矩阵（LOD Matrix）

在此阶段第一件需要标准化的事便是模型的开发细节等级。LOD 矩阵应清楚地记录 BIM 模型中所有构件所需要包含的 3D 和 2D 信息范围。需要包含的参数和信息应当用 LOD 矩阵组织好（参见图 8. a LOD 矩阵样例）。

3. 文件分解结构

虽然概念上的 BIM 是一个统一的三维环境，但通常不会把整个项目建成一个单一的文件。为了能够更好地管理文件，也为了能够更好地做小范围的协同调整，一个良好的文件分解结构是必须的。所以，通常把每个类别或行业的模型建成一个单独的文件。然后，根据项目的范围，模型可以进一步分解为中等模块组合模型（Parcel），如核心筒模型、地下室模型等。

4. 文件和构件命名

当项目涉及多行业多模型时，命名规则是非常重要的。定义恰当的前缀来代表项目和恰当的后缀来代表行业是一个不错的方法。例如：项目_代码_中等模块组合_名字_专业代码（参见 10.7 节 命名规则）。

5. 项目专有标准

在所有专业中把一些特定的事项进行标准化是很关键的。这些事项包括：

- 项目名称和代码。
- 地点和坐标系统。
- 测量和单位系统。
- 项目统一标高和轴网。

ARCHITECT: 建筑师　　ENGINEER: 工程师

建筑元素 BUILDING ELEMENT	概念设计 CONCEPTUAL DESIGN						深化设计 DESIGN DEVELOPMENT					
	100	200	300	400	500	AUTHOR 作者	100	200	300	400	500	AUTHOR 作者
墙 WALLS						ARCHITECT						ARCHITECT
门 DOORS						ARCHITECT						ARCHITECT
窗 WINDOWS						ARCHITECT						ARCHITECT
地板 FLOORS						ARCHITECT						ARCHITECT
家具 FURNITURE						ARCHITECT						ARCHITECT
水暖管 PLUMBING FIXTURES						ARCHITECT						ARCHITECT
基础 FOUNDATION						ENGINEER						ENGINEER
框架 FRAMING						ENGINEER						ENGINEER
板 SLABS						ENGINEER						ENGINEER
结构墙 STRUCTURAL WALLS						ENGINEER						ENGINEER

图8.a　LOD矩阵样例

施工文档 DOCUMENTATION						施工 CONSTRUCTION						运维管理 FACILITY MANAGEMENT					
100	200	300	400	500	AUTHOR	100	200	300	400	500	AUTHOR	100	200	300	400	500	AUTHOR
	■				ARCHITECT			■			CONTRACTOR			■			ARCHITECT
		■			ARCHITECT				■		CONTRACTOR					■	FM CONSULT.
	■				ARCHITECT			■			CONTRACTOR					■	FM CONSULT.
		■			ARCHITECT				■		CONTRACTOR			■			ARCHITECT
		■			ARCHITECT			■			CONTRACTOR					■	FM CONSULT.
		■			ARCHITECT			■			CONTRACTOR					■	FM CONSULT.
		■			ENGINEER			■			CONTRACTOR			■			ENGINEER
		■			ENGINEER			■			CONTRACTOR			■			ENGINEER
		■			ENGINEER			■			CONTRACTOR			■			ENGINEER
		■			ENGINEER			■			CONTRACTOR			■			ENGINEER

CONTRACTOR：承包商　　FM CONSULT：运维咨询方

图8.a　LOD矩阵样例（续）

8.2 协作标准

能够进行多专业协作是在三维环境下工作的主要收益。然而，某些 BIM 项目中的机电专业比例过大，会导致这项工作变得非常复杂和繁重。

遵守 BIM 协作标准将确保工作流程有组织性并便于监控发现的各种设计问题。

使用 BIM 工作流协同各方，需要团队在早期就遵守一系列既定标准。

假定模型是使用合适的 BIM 建模标准开发的（如前所述），那么使用针对 BIM 协作的标准将使该流程变得快速、有效。

1．协作软件

BIM 协作所要求的软件功能与建模所需的非常不同。所选软件应该有能力与建模工具无缝交流，如果有一个链接来进行实时更新的话就很理想了。第一步要做的是确定合适的协作软件来把各行业模型集成到一个三维 BIM 模型中，并发现和记录各种项目中的设计问题。

2．模型转换标准

BIM 设计协作是一个不断循环的迭代过程，需要反复进行协同检查。定义和记录转换协同 BIM 模型的过程和格式将有助于避免每次迭代时产生混淆。

3．文件共享标准

向所有项目利益干系人公开分享信息是成功实施 BIM 项目的关键步骤。一个提高合作效率的办法是组织一个分配了合理权限的云端文件夹结构（如 FTP 等），为所有团队成员在项目期间共享模型。同时，模型共享频率应保持良好的记录，保证所有团队成员同时使用统一且正确的模型版本。

4．满足进度要求

BIM 协作是一项真实的合作，需要团队成员们面对面或在网上"聚在一起"来开展协作。通常项目协作会议可以每两星期举行一次，保证能够在早期发现重大问题。如果能够提前一天把模型开放给与会者，则可以帮助团队准备所需的文件。

5. 问题事项优先级/碰撞检测

每个项目在早期协调工作中都会发现一些问题（碰撞冲突），这些问题可能逐渐变得严重而难以管理。一个记录问题优先级的碰撞检测矩阵，能够有效地把该项工作分解成几个工作流程，并避免冲突越来越多而产生涟漪扩散效应。常见的处理方法是识别那些尺寸比较大的和灵活性比较低的建筑构件之间的冲突相关性的问题事项，如结构构件与重力管道进行碰撞冲突等。

（参见图 8.c 碰撞冲突检查矩阵样例）

6. 问题事项的记录文档和后续跟进

在不同的会议上记录下发现的各种问题是很重要的工作。这将帮助团队理解已有的进度和监控每个单独问题事项的状态（问题已解决、待解决等），也帮助各方面负责人员来相应的定义后续工作（参见图 8.e 冲突报告样例）。

chapter 8

编号 NUMBER	专业1 DISCIPLINE 1	专业2 DISCIPLINE 2	容忍误差 TOLERATION
C1	ARCHITECTURE 建筑	ARCHITECTURE 建筑	0mm
C2	ARCHITECTURE 建筑	STRUCTURE 结构	10mm
C3	ARCHITECTURE 建筑	MECHANICAL 暖通	10mm
C4	ARCHITECTURE 建筑	ELECTRICAL 电气	10mm
C5	ARCHITECTURE 建筑	PLUMBING 给排水	10mm
C6	STRUCTURE 结构	STRUCTURE 结构	0mm
C7	STRUCTURE 结构	MECHANICAL 暖通	10mm
C8	STRUCTURE 结构	ELECTRICAL 电气	10mm
C9	STRUCTURE 结构	PLUMBING 给排水	10mm
C10	MECHANICAL 暖通	MECHANICAL 暖通	0mm
C11	MECHANICAL 暖通	ELECTRICAL 电气	10mm
C12	MECHANICAL 暖通	PLUMBING 给排水	10mm
C13	ELECTRICAL 电气	ELECTRICAL 电气	10mm
C14	ELECTRICAL 电气	PLUMBING 给排水	10mm
C15	PLUMBING 给排水	PLUMBING 给排水	0mm

图 8. b　碰撞冲突报告分类

C2 PRIORITY: HIGH 优先级：高			建筑　　ARCHITECTURE			
			外墙 EXTERIOR WALLS	内墙 INTERIOR WALLS	门/窗 DOORS/WINDOWS	家居 & 固定装置 FURNITURE&FIXTURES
			A1	A2	A3	A4
结构 STRUCTURE	基础 FOUNDATION	S1	S1–A1	S1–A2	S1–A3	S1–A4
	框架 FRAMING	S2	S2–A1	S2–A2	S2–A3	S2–A4
	地面&屋顶 FLOORS&ROOFS	S3	S3–A1	S3–A2	S3–A3	S3–A4
	结构墙 STRUCTURAL WALLS	S4	S4–A1	S4–A2	S4–A3	S4–A4

图 8.c　碰撞冲突检查矩阵样例

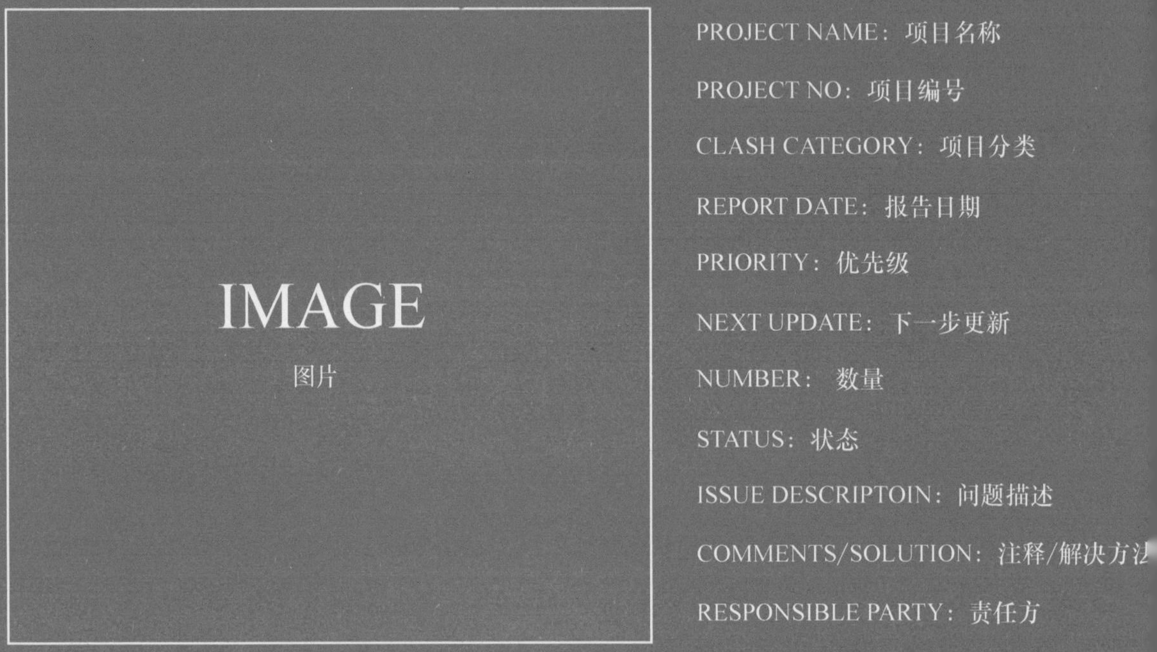

IMAGE

图片

PROJECT NAME：项目名称

PROJECT NO：项目编号

CLASH CATEGORY：项目分类

REPORT DATE：报告日期

PRIORITY：优先级

NEXT UPDATE：下一步更新

NUMBER：数量

STATUS：状态

ISSUE DESCRIPTOIN：问题描述

COMMENTS/SOLUTION：注释/解决方法

RESPONSIBLE PARTY：责任方

图 8.d　一个冲突问题事项的组成

项目名称: 样例名称　　　　　　　　项目编号: 00000

PROJECT NAME: SAMPLE NAME		PROJECT NO: 00000		
CLASH CATEGORY: 冲突分类 C2-ARCHITECTURE VS.STRUCTURE 建筑VS结构	报告时间 REPORT DATE: 2015-08-12	PRIORITY: RESOLVED: PENDING:	50 22 28	下次更新 NEXT UPDATE: 2015-08-19

编号: C2-001　　　　状态: 待审批　　　　分配给: 建筑师

NUMBER: C2-001　　STATUS: PENDING　　ASSIGNED TO: ARCHITECT	
ISSUE DESCRIPTION: 问题描述 DESCRIBE THE ISSUE IDENTIFIED WITH CLEAR EXPLANATION 用清晰的语言描述问题	IMAGE 图片
SOLUTION: 解决方案 DESCRIBE THE PROPOSED SOLUTION WITH CLEAR EXPLANATION 用清晰的语言描述解决方案	

编号:　　　　　　状态:　　　　　　分配给:

NUMBER:　　STATUS:　　ASSIGNED TO:	
ISSUE DESCRIPTION: 问题描述 DESCRIBE THE ISSUE IDENTIFIED WITH CLEAR EXPLANATION 用清晰的语言描述问题	IMAGE 图片
SOLUTION: 解决方案 DESCRIBE THE PROPOSED SOLUTION WITH CLEAR EXPLANATION 用清晰的语言描述解决方案	

图 8.e　冲突报告样例

8.3 算量

能够在项目早期就进行全部建筑构件的准确算量（Quantity Take-off），这是一个巨大的优势。

为算量而开发的模型需要遵守特定的建模步骤来保证其准确性。把这些记录作为标准并共享给所有设计团队将避免后期重新建模。

对业主来说，在项目早期就有每个设计阶段对应的准确工程量来进行项目预算是一个巨大的优势。

1. 算量阶段

把 BIM 模型集成到算量工作中，可以分为以下两个阶段：

- 概念设计算量。概念设计阶段的算量是一个对 BIM 模型中包含的部件在数量、长度、面积、体积等方面的简单计算。大多数 BIM 建模软件工具自带算量功能来帮助准确计量模型中的三维部件。

然而，要成功地使用 BIM 模型算量，模型需要按照特定的建模规则来开发。在该阶段模型文件内部有设定的算量模板的话将能够保证该工作的效率。

- 详图设计算量。当设计进入设计深化和招标阶段时，造价所需的信息细节同样增加了。本阶段的算量需要更详细，并用特定的格式记录下来。

2. 细度等级矩阵 （LOD 矩阵）

算量模型除了结构符合特定标准，还需要携带算量专有的信息来保证无缝的信息流通。在开始建模前，达到构件级的信息需求应在 LOD 矩阵中进行标准化。

3. 算量软件

常用的 BIM 建模软件无法完成项目所需的详细算量工作。对于算量软件来说，除了能够从建模软件中导入三维模型，还需要有特定的功能来帮助准确地量化三维模型和以造价所需的格式来组织信息。

4. 信息共享标准

从模型到工程量清单的准确信息共享定义了造价的准确程度。信息共享标准应基于当地特定的工程量计算规则制定。拥有 BIM 模型和算量工具的双向集成，

chapter 8

将保证工程量准确并根据 BIM 模型更新，反之亦然。

5. 工程量清单 （Bill Of Quantity， BOQ） 模板

造价界标准方法涉及把工程量针对造价所需信息按照一个特定的格式记录下来。传统的工程量清单模板是手动更新的。然而，将工程量清单模板在早期就标准化非常重要，这样可以帮助设计团队按照既定目标工作。

8.4 施工计划

另一项繁复的工作就是从早期设计阶段全面使用BIM模型来为项目做计划和发现潜在工序问题。

要想从该工作中获益，有排工序功能和标准的特别工具是非常重要的。

通过集成 BIM 模型于项目进度计划中来把施工任务排序有许多好处。然而要能成功地开展施工进度计划工作、发现和解决制订进度计划时的所有问题，需要大量的耐心。

假定模型需要开发到能够算量的程度（如前所述），使该集成过程能够更顺利，那么有助于这项工作标准化的关键问题有：

1. 施工模拟软件

要能够模拟建筑构件级的施工进度，所用软件应该有特定的基本功能。除了要有针对建模工具的交互操作性来准备集成的 BIM 模型外，该软件还应有能力无缝地集成模型构件和传统项目进度计划，如微软 Project 等软件。

选择合适的软件和在流程一开始就把模型转换步骤标准化是很重要的。

2. 项目进度数据包

根据现场工作开发初步项目计划的一个标准步骤应该保证其与 BIM 建模的层级分解结构一致。这将保证模拟软件能自动辨识模型的建筑构件对象，并获取来自项目进度数据包的时间参数。然而，如果在建模阶段无法取得该信息，那么在后来的 BIM 模型中应重新组织，从而满足项目进度数据包的要求。

该工作所需的一些其他重要标准与协作流程类似，有如下内容：

- BIM 建模标准。
- 文件共享标准。
- 进度计划协调会。
- 问题事项（Issue）优先级/碰撞检查矩阵。
- 问题事项的文档记录和跟进流程。

8.5 施工文档

虽然 BIM 工作流程在整个项目生命周期使用三维模型，但二维图纸仍然是必需的。二维图纸作为支持模型的文件，可以提供更多的细节资料和文字注释。

文档标准在维护一致性和澄清二维图纸提供的信息方面是很重要的。

在 BIM 流程中，施工文档（Documentation）涉及使用模型开发二维图纸，所以所有 BIM 工具都应有生成类似传统图纸的功能。

1. 二维图档

与传统工作流程类似，一个典型的项目在各阶段都需要许多二维图纸，一些关键图纸类型有：

- 设计图。
- 招标图（Tender Drawings）。
- 协调过的机电图（Coordinated Service Drawings）。
- 预制加工图（Fabrication Drawings）。

2. 施工文档标准

然而，为了维护一致性，各行业都应标准化以下事项：

- 序号。
- 命名。
- 比例尺。
- 图纸大小。
- 图纸列表。
- 标准细节。
- 计量体系。
- 细度等级。
- 针对所有比例尺的线宽和线色标准。
- 线类型。
- 尺寸标准设置。
- 箭头类型。
- 填充样式。
- 图例说明。
- 房间空间命名规则。
- 剖面线和符号。
- 立面图标记。
- 图签栏。
- 打图标准。

8.6 模板

模板（Template）一般用来指导建模团队，是为了保证在执行相应工作之前，就能够把大多数标准化的信息预置到项目文件中。

需要在项目生命周期中开发很多种各类 BIM 用途的模板文件。

在模板文件中就包含有某些 BIM 标准的做法可使工作流程更加有效率，并有助于一个组织的多个项目的信息的一致性。项目全生命周期的各项 BIM 相关工序都可通过使用适当的模板文件而获益。

1. BIM 建模模板

参照如下标准对各专业提前建立项目模板文件有助于保持项目团队所期望达到的信息一致性目标。下面列出需包含进建模模板的一些关键问题：

- 项目信息。
- 项目所在地点及指北针。
- 单位及计量体系。
- 模型构件对象库及其命名。
- 空间命名规范。
- 符号及标注样式。
- 线宽、填充及其他样式。
- 概念设计阶段工程量清单相关表格。

2. 管综协调模板

使用 BIM 进行多专业协调，要求把项目中各专业模型整合到一个三维环境中。在多专业协调工作过程中，该模板应考虑的因素包括：

- 不同专业所使用的颜色。
- 碰撞检查矩阵模板。
- 碰撞问题报告模板。

3. 工程量清单模板

BIM 模型的模板文件通常包含概念设计阶段工程量清单相关表格。而对详细的工程量提取工作来说，将标准的 BOQ 表单样式包含进所选定的算量软件模板文件是十分重要的。

4. 施工模拟模板

施工模板要求项目初始工期计划的制订达到一定的详细程度，从而能有效地将时间参数与 BIM 模型元素相映射。标准化的进度模板对这个工作过程是必需的。

chapter 8

8.7 BIM 执行计划

与传统项目相比，BIM执行在整个项目周期的各个方面都有所不同。对这些差异的理解，并以项目执行策略为参照相应地对 BIM 执行计划进行取舍是成功的关键。

BIM 执行计划将协助项目经理对全部要求的过程和标准进行记录。

典型的 BIM 执行计划中应记录如下关键问题：

1. BIM 应用

第一步工作是识别并列出使用 BIM 模型能实现的应用和功能，这将为下一步工作提供清晰的方向。BIM 应用点的列出有助于理解完成这些应用所需的时间、资源和技术。

2. 时间计划

BIM 工作流鼓励项目团队在施工前阶段即完成项目的关键决策，与传统项目工作流相比，延长了设计阶段的时间。此外，需在关键日期中加入微小级别的针对 BIM 的里程碑事件。

3. 技术

应用 BIM 的项目中，项目利益干系人都应使用并仅使用在项目启动阶段即共同决定的软件及版本。软件版本的更新或软件的改变，均需由项目团队在评估该更新或改变的互可操作性和版本问题后共同决定。

4. BIM 团队

BIM 团队的技能集应与项目预期实现的 BIM 应用及所使用的技术手段（包括外部咨询的能力）相辅相成。列出并记录 BIM 团队所有成员的角色、职责以及联系信息，将有助于根据所需的活动进行资源分配。

5. 标准

适用于项目生命周期的 BIM 标准应在 BIM 执行计划中进行详细记录。项目全体团队遵循同一建模办法及针对某一项目制定的系列标准有利于前期的设计协调工作。

6. 沟通

活跃的沟通是在诸如 BIM 这样的合作性环境中成功的关键。沟通策略应包含沟通方法及信息/模型共享频率的说明。

7. 项目会议

BIM 执行计划中需定义项目生命周期中要求的会议的频率、日程及参加者，这有助于项目团队更好地准备相关信息。

8. 质量控制

对 BIM 模型的质量检查和质量控制是此工作流程中的一个关键工序。此工序要求全体项目成员参与。制订一个详细的检查清单和针对本项目适用的工作流程有助于项目团队各个成员在项目过程中保持有计划、有条理的工作状态。

第 9 章
BIM 构件对象库

9

作为 BIM 实施过程的一个重要组成部分，应制订并维护一个可用于本组织内全部项目的、有计划、有条理的 3D 及 2D 的构件对象库。

BIM 构件对象库（Library）应不断根据新的产品目录进行编制和更新。

BIM 模型的质量很大程度上取决于所使用的三维构件的质量及其所包含的信息。标准化的 BIM 构件对象库是任何项目模型建立的根本。

1. 公司通用构件对象库 （Office Library）

将 BIM 构件对象库标准化，以及维持该构件对象库的过程是一个花时间的流程。因此，最好采用渐进、分步骤的方法从最常用的构件开始对构件对象库进行开发。

公司通用构件对象库，作为通用 BIM 构件对象库的一部分，列出相应的标准：

- 根据建筑构件对象类型（如墙、门等）建立的 Revit 族目录。
- 根据 BIM 工作范围（SOW）制订的针对构件对象库的 LOD 标准。
- 全部构件的标准化建模过程。
- 构件全部类型的基本尺寸信息列表。
- 全部构件应包含的参数信息列表。
- 构件、类型及全部参数信息的命名标准。
- 构件对象库的维护和审核规范。

2. 项目构件对象库 （Project Library）

没有一个项目可以仅使用现存的通用构件对象库内构件即可完全建立起项目模型。每个项目将根据该项目的设计及当地设计规范建立起一套特殊适用的构件对象库元素。项目构件对象库中某些构件可以被选用并经进一步的开发后合并入通用构件对象库。

典型的 BIM 构件应包含如下元素：

- 该构件的三维几何信息。
- 智能化的参数，用以控制项目的大小和可见性等几何属性。

- 包含如产品编号、制造商数据、材质等定义构件特征的信息。

3. 资源

BIM 构件对象库的资源很丰富，负责编制构件对象库的人员应仔细对所选中构件对象的质量进行检查。通过网上资源下载的构件对象库应通过编辑等使其达到企业标准后方可加入企业通用构件对象库。

9.1 细度等级（LOD）

总的来说，BIM 模型文件比传统二维的任何文件类型的尺寸都要大。对构件对象库内的构件进行分级，并保证只有需要的那部分具体信息包含在模型内，这有助于控制文件的大小。

BIM 建模的细度等级（LOD）是指模型构件对象被开发的完成度。

LOD 矩阵有助于相关人员识别在项目各阶段各模型元素具体的内容要求。

LOD 的概念经常与 BIM 维度相混淆。应当注意的是，LOD 标准是帮助定义项目各阶段（维度）所包含三维几何和数据信息的程度。

1. 100

LOD100 的模型包含建筑整体的三维体量以及概念设计阶段所要求的具体的规划参数。

2. 200

LOD200 的模型是由有准确的三维尺寸的具体的建筑模型构成的，其目的在于帮助分析和生成概算工程量和体量。此阶段模型还应包括特定二维/数据格式信息，以便于开发初步设计意图的图纸，如平面图、立面图、剖面图等，还应包括适合的图签。

3. 300

LOD300 的模型应包含足够的三维和二维信息以生成项目招标图纸及文件。此类文件通常被用于设计协调中。

4. 400

LOD400 的模型应包含足够的加工制造、施工过程、现场组装等所需的三维和二维信息。此类模型将为现场团队提供参考，以便于其理解和监测施工工序的精准。

5. 500

LOD500 的模型应包含足够 FM 管理和翻新工程使用的三维和二维信息，如产品细节信息、技术规格、产品编号等。

9.2 项目级 LOD

网上所有可以找到的 LOD 标准均仅是通用的指南。每个项目都需要一个详细的 LOD 矩阵文件，详细反应项目的具体要求。

　　BIM 模型的建立是一个花费时间且繁冗的任务。此任务要求项目相关全员都遵从既定标准并以该标准来经常检查模型质量。项目具体的 LOD 为建模人员提供指南并有助于遵循 BIM 标准。同时 LOD 指南有助于三维信息和二维信息保持一致性。

　　LOD 矩阵是用来列出某项目所需全部构件建立模型的清单。该清单清楚地记录了项目各阶段三维及二维所需建立的构件元素。有条例、计划，并考虑了 BIM 应用及模型全生命周期各阶段的 LOD 矩阵，有助于保证模型在项目全过程中的轻量化和条理性。

- LOD 矩阵应由项目相关全员共同制订和审批。
- LOD 矩阵应涵盖项目全部 BIM 应用及为执行这些工序所需的数据要求。
- 模型应在全阶段适应 LOD 进展要求，并尽可能地避免废弃性地重新建模工作。
- 应经常性地将 BIM 模型与 LOD 矩阵进行对比检查，以确保所有制订的标准都得到实施了。

chapter 9

9.3 维护

建筑的产品目录是不断更新变化的，新的材料也不断地在推向市场。因此 BIM 构件对象库应不断更新和进行质量检查。

维护检查清单有助于保证模型的重要方面全都在此维护更新过程中得以涵盖。

全公司范围通用的 BIM 构件对象库的建立和维护要求 BIM 团队按照建模标准、信息标准和审核协议等标准化的办法去执行。

构件对象库的维护 （Library Maintenance）

建立 BIM 构件对象库的关键因素包括如下几个方面：

- 根据目标的 LOD 标准及项目工作范围内的总的 BIM 应用来定义 BIM 建模标准。

- 为全部构件类型做好信息和参数矩阵的准备。

- 为全部构件提供一个综合性的材质库以保证一致性。

- 从网上下载已有的 BIM 相关资源作为初始 BIM 模型的出发点。

- 制订从项目专用构件对象库到企业通用标准构件对象库的转化流程。

- 保证全部不需要的三维信息和参数都被清理掉，以保证构件对象库内的构件都是干净的（Clean）和可管理的。

- 经常性维护企业通用 BIM 构件对象库，以与现存的产品目录相匹配。

- 培训专员对企业及项目专用的 BIM 构件对象库进行开发和维护。

chapter 9

第 10 章

数据的管理

10

对包含有大量项目信息的三维模型的管理是一项至关重要的工作。这要求 BIM 团队对项目的 BIM 应用目标有深入的理解，并据此开发一套组织级数据管理策略。

　　成功的项目管理要求合同中的项目参与方在项目全生命周期中管理好大量数据。不管项目处于何种阶段或项目是否应用 BIM，数据管理的基本方面都是通用的。

　　在制订全面综合的数据管理计划时，需涉及三个关键方面：

1. 精准性 （Accuracy）

模型及模型包含的信息应在几何信息和非几何数据两方面均保持精准性。

2. 可得性 （Accessibility）

BIM 模型应易于项目利益干系人在合适的时间以合适的形式获取（参见第 1.8 节 Open BIM）。

3. 可靠性 （Reliability）

模型及模型包含的信息应为项目关键性决策提供可靠的决策依据。信息的质量应经常得到评估。

10.1 数据分类

数据分类是一个将信息分组管理的过程，信息按照用途和格式属性来分组。所有项目都采用一个标准的数据分类来组织信息，有助于企业级的信息维护。

典型的建筑项目要求对多种类型的数据进行管理，如 3D 模型、2D 图纸、技术规范、电子邮件等。按照建筑领域政府机关对项目信息的要求不同，这些项目信息通常分为以下四类。

1. 过程数据 （Work In Progress， 以下简称 WIP）

WIP 是项目人员为某一项目所制作开发的一组数据（包括模型、图纸、文件等）。此类文件通常仅用于项目团队内部出于进一步推进项目的目的而进行的交流使用，且此类信息通常被认为仅为草稿（Draft）。

2. 已发布数据 （Published）

已发布数据是指那些总部以外的机构，如设计咨询公司、分公司等，完成分享或即将分享信息。WIP 信息应在合适的审阅、质量检查和审批程序后考虑是否适合对外发布。已发布信息管理的关键在于确保所要求的各方能够获取这些信息。

3. 已接收数据 （Received）

当在有多方合作的环境里工作时，每一方的公司总部都会作为一个组织从不同参与方获得不同格式的信息。这些被接收的信息应该根据其发出方及信息类型（模型、图纸等）进行分类。对此类已接收信息进行有条理的管理的重要之处在于，此类信息将被用于创建前述的 WIP 文件。

4. 归档数据 （Archived）

归档管理项目全部里程碑节点的信息对每个项目来说都是很重要的。设计流程经常会要求设计团队回退到过去的版本进行参考，甚至于整个设计都回滚到旧版。对项目的信息进行归档，则为项目提供了好的文件记录历史。

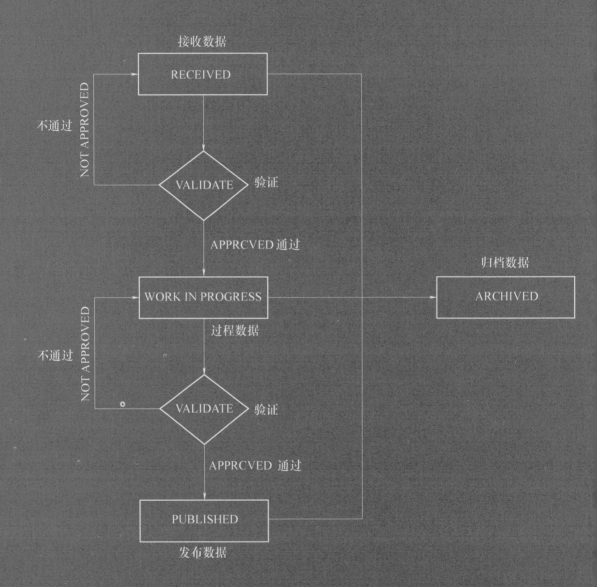

图 10. a　数据分类

要经常归档
&
归档全部里程碑成果
(ARCHIVE FREQUENTLY
&
ARCHIVE ALL MILESTONES)

10.2 数据质量

数据（BIM 模型和信息）的信息质量需要经常性地进行检查，并确保各项制订的标准得到合理的使用。

将质量控制检查清单作为系列标准的一部分有助于有条理有组织地进行质量检查。

质量控制在保证高度协作的 BIM 环境的成功上具有举足轻重的作用。在项目全生命周期中，应由多方在不同水平上对模型进行质量检查。在组织和项目两个层面上的活动中，对质量分析和质量管理计划进行良好的存档都是非常重要的。

1. 过程质量

BIM 过程管理要求团队对所使用的流程进行测试，以确保其与 BIM 应用（BIM Uses）和组织目标相一致。对任何 BIM 过程质量的考评都需要一系列定量的指标（参考 4.4 节 关键绩效指标）。

在定义某一过程质量时需考虑的一些重要问题包括：

- 员工对新工作流程的适应能力。

- 在交付过程和沟通方面中客户的满意度。

- 生产率和效率的损失与增长对比。

2. 模型质量

在项目中，对模型质量的检查是质量检查活动中最为重要的一项。对 BIM 模型的三维信息进行检查，这些信息检查大致分为四类：视觉检查、碰撞检查、合规性检查以及模型检查。

在检查过程中应重点考虑如下问题：

- 对三维几何信息的准确性以及建模做法进行检查，目的是避免在模型中出现构件碰撞或重复构件。

- 对项目所用模板是否正确以及工作集组织结构是否严格符合标准进行检查。

- 对包含命名规则以及二维图形标准如字体、线宽等的 BIM 标准的准确性进行检查。

- 对包含在三维元素中的非几何信息进行基于 LOD 检查清单和应遵循系列标准的检查，看是否符合其目标。

chapter 10

3. 自动的模型审阅 （Automated Model Review）

BIM 建模工具通常具有自带的供项目团队检查模型质量的功能，如Autodesk Revit 中的模型警告（Model Warnings）。

目前市场上也有一些特定的模型审阅软件，它们带有对多种模型构件对象进行碰撞检查和基于设定规则进行设计检查等功能，如 Solibri Model Checker、Autodesk Navisworks 等。

10.3 安全性

在建筑行业中，在项目的全生命周期中确保项目数据的安全是非常重要的。

对任何采用 BIM 的项目的数据所有权（Ownership）、归档以及备份协议进行定义是最根本的要求。

在 BIM 应用中，安全性是指当要求相关人员对三维模型及模型中的信息进行管理时保障其安全的方式。主要从以下三个方面来考虑信息安全。

1. 数据所有权和追责 （Ownership & Accountability）

自从 BIM 这种更具有协作性的建筑项目管理方式被引入以来，关于项目生命周期中所创建的各个 BIM 模型应由谁所有的争论经常发生。

但是，保证模型的质量却是所有建模各方都应有的责任。在公司内部环境中，对项目团队成员的角色、职责进行清楚的定义，以及支持员工按照标准流程执行，将有助于项目成员对其所产出的模型及信息负责。

2. 归档 （Archiving）

归档不应与备份相混淆。经常性对模型进行归档，并在项目每个重要里程碑进行归档有助于项目团队对全部的模型具备一个归档的历史。在项目早期设计阶段，需要回退到一个早先的历史档案的情况很常见。

在制订归档协议（Protocol）过程中，需要考虑如下这些关键问题：

- 归档的频率应保证对所有重大的项目设计变更存有备份。
- 公司全员应接受关于 BIM 模型文件归档政策方面的特别培训。
- 归档的文件应在项目团队要求时能够随时获取。

3. 备份 （Backup）

备份更多的是指对项目历史文档进行日常的永久性存储，每天都要备份。IT 经理应准备一个公司范围内的备份策略，并在公司内全部项目中实行。然而，公司全员熟知备份频率和获取政策是非常重要的，这有助于项目团队成员在特殊需要时能够提出获取具体某组备份文件的需求并顺利进行。

10.4 交换

项目利益干系人之间对项目信息无缝、公开的沟通是任何项目管理成功的关键。

在基于 BIM 的工作环境中进行数据交换时，尤其是遇到那些耗内存的大尺寸文件，就要求项目团队根据一套书面化的执行标准来有组织地进行数据交换。

使 BIM 模型在各个团队之间（包括内部团队和外部团队）进行无缝共享是保证成功协作的关键。利用项目信息管理系统将大大提高所有 BIM 项目的应用价值。

1. 工作共享 （内部）

一个公司内的多个项目成员可以在任何时间点上对同一个 BIM 模型进行读取和储存。开发一个 BIM 模型让团队成员基于工作范围来分担、共享工作量，是很重要的。

各个 BIM 建模软件各有其不同的自带的执行工作共享的方法（例如，Autodesk Revit 采用的是工作集）。透彻理解工作共享的概念，有助于避免信息遗失和在项目后续阶段重新组织文件。

2. 文档共享 （外部）

与外部团队成员无缝共享项目信息，对于促进更好的协作是非常重要的。BIM 模型文件明显比传统二维图纸文件的尺寸更大，于是，在项目利益干系人之间共享大的数据，就要求项目团队制订针对本项目的文件共享协议。

在准备该文件共享协议时应考虑的一些关键方面包括：

- 为项目选择正确的工具（自己运营的 FTP 或其他云平台）。
- 对项目利益干系人许可权限进行规定，确保按各方工作范围来合理提供正确的信息读取和存储的权限。
- 为外部项目团队成员准备安全的用户名和密码。
- 对文件共享的频率和共享信息质量管理的协议进行设置。

3. 项目信息管理

除了对 BIM 模型在组织内部和外部项目团队间沟通进行管理，项目中通常还需要项目团队对其他类型的数据如归档文件、文件传送单、征询函（RFI）等不同项目阶段的不同数据进行管理。

　　基于云技术的项目信息管理工具有其特殊之处，它要求在线进行信息维护，并要对文档及其安全性进行无缝管理。成熟的项目信息管理系统应具有通过浏览器直接对 BIM 模型进行可视化、审阅和评论的功能。

　　一些目前广泛使用的项目信息管理系统包括以下几个，此外，还可以从不同的供应商中挑选更多的项目信息管理系统。

- Autodesk360
- New Forma
- Buzzsaw
- 从不同供应商那里寻找更多新软件

10.5

BIM 文件分解

BIM 模型比任何传统项目中产生的二维图纸所占用的容量都要大得多。为实现对 BIM 文件的无缝管理，针对项目实际利用不同的参数制订出具体的文件分解结构（File Break Down Structure）是十分重要的。

在理想情况下，为便于不同文件格式间的信息交流，应在项目全生命周期中采用相同的文件分解结构。

尽管 BIM 被认为是统一的单一模型环境，但是通常情况下项目团队还是需要建立多个模型。一个项目也通常会被分解为不同的合同包，这倒有利于模型文件的维护和合同包的协调，从而避免模型过大而难于管理。

总的来说，各个专业的模型通常都是独立的文件。不过，要是进一步对模型进行分解的话，下列分类体系会很有帮助。

1. 建筑类型

建筑类型可以作为第一个用于分析模型所要求的信息范围和建立模型文件分解结构的参数。例如，某医院项目的文件组织结构要求将设备和通风系统作为决定性因素。

2. 项目规模

项目规模越大，文件越大。很重要的一点是，要根据项目规模将项目分解成多个较小的中等模块组合模型（Parcel）。BIM 建模软件可以区分各个模型文件所覆盖的建筑区域范围。考虑到软件的局限性，可以把各个中等模块组合模型视为单独的项目来用。

3. BIM 输出 （特定目的建模 Purpose Built Modeling）

根据 BIM 应用和期望输出的成果进行建模是很重要的。对项目后期各阶段外来信息流入模型的理解和规划也是很关键的。例如，可使用单独的仅包含注释和 2D 信息的文件，它们都引用参照着（Referencing）3D 模型。

4. 典型模式 （Typical）

在完成初始概念设计阶段之后，根据设计的情况进行模型结构重组是很有必要的。在前期就判断出那些很有典型性的设计模式，有助于避免重复建模。例如对公寓住宅等具有相似单元的项目以及医院等具有典型的空间布局的项目尤其有用。

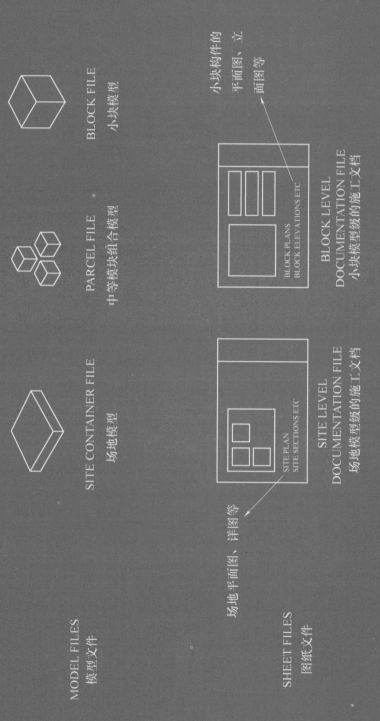

图10.b 文件分解组成

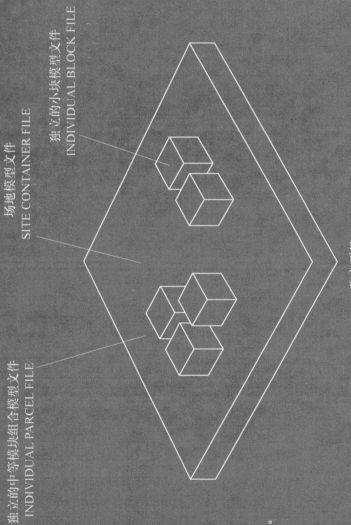

独立的小块模型文件
INDIVIDUAL BLOCK FILE

场地模型文件
SITE CONTAINER FILE

独立的中等模块组合模型文件
INDIVIDUAL PARCEL FILE

独立项目
CONSOLIDATED PROJECT

图10.b　文件分解组成（续）

10.6 模型版本

对 BIM 模型管理的过程中，应考虑到在项目的前期设计阶段会涉及设计的多个版本。

通过对变动类型的理解和分类来制订理想的版本管理策略，使其能适应模型的变动。

深化设计阶段通常会对多种设计选项的多个关键方面进行测试，如可持续性、设计概念、可施工性、审美学、材料使用等。

BIM 使团队能够轻松监控每个选项的设计更改。然而，每天工作中建立的 BIM 模型应进行合理的版本控制，以便团队能够使用正确的选项进行模型发布。

在管理多个模型版本中应考虑如下几个关键方面：

- 模型版本应进行正确的命名，并具备单独的文件夹结构。

- 对不同的模型版本在同一归档文件中进行索引可避免出图工作半途而废。

- 如有可能，只对设计选项（与目的相匹配）所要求的信息建立特殊的研究模型。

- 在设计决策后、模型准备好要发布前，预留时间来产出所需要的如二维图纸等项目信息。

尽管不推荐，但有两个不同的设计模型平行推进也是很常见的，尤其是在时间紧迫要赶在进度计划日期内完成官方设计审批的情况下。需确保对所有模型中设计变化及所需传递的信息进行记录。

10.7 命名规则（Naming Conventions）

对项目全生命周期内的模型文件及由模型产生的文档定义命名的标准是一项根本性的工作。

如能统一按照命名规则来执行，有助于对所需信息进行快速沟通和识别。

　　对项目全生命周期所产生的全部类型的数据制订标准化的命名规则可保证项目利益干系人进行顺利沟通。应与项目外部成员共同认可一套全生命周期使用的标准，这有助于项目收益。

1. 用于沟通的文件名称

在命名规则中包含下列信息有助于轻松识别：

- 通过各个专业通用的项目编码来区分项目特定的文件。
- 结合项目拆分原则/项目分区（Parcel/Zone）以确定该文件用于项目的哪个部分。
- 使用各专业特殊的代码来对各专业模型进行区分管理。
- 为了达到整合的目的，使用 BIM 应用代码来组织整合模型。
- 使用特定的日期格式或版本号来确保发布的模型是最新的。

2. 命名规则指南

业界广泛使用的命名规则的通用指南是：

- 避免使用空格。
- 避免太长或描述性文件名称。
- 避免过多陌生术语的缩写，并只使用大家熟知的标准。
- 使用下划线 "_" 或横线 "-" 来区分名称中的信息（避免两个都用）。
- 避免使用符号。
- 避免使用大写字母，从而确保可读性。

chapter 10

项目编号	项目名称	类别	专业
PROJECT NO	PROJECT NAME	CATEGORY	DISCIPLINE

样例	描述
EXAMPLE	DESCRIPTIOIN
1032_Mallsing_Parcel 1_ARCH	Architectural Parcel Model for project 1032,Mallsing
1032_Mallsing_Block 1_ARCH	Architectural Block Model for project 1032,Mallsing
1032_Mallsing_Tower 1_ARCH	Architectural Tower Model for project 1032,Mallsing
1032_Mallsing_Site Contalner 1_ARCH	Architectural Site Contalner for project 1032,Mallsing
1032_Mallsing_Sheets 1_ARCH	Architectural Sheet file for project 1032,Mallsing

图 10. c   文件名的组成部分

专业		代码
	DISCIPLINE	CODE
建筑	ARCHITECTURE	ARCH
结构	STRUCTURE	STR
暖通	MECHANICAL	MECH
电气	ELECTRICAL	ELEC
给排水	PLUMBING	PLB
消防	FIRE PROTECTION	FIRE
家具&设备	FURNITURE&FIXTURES	FFE
装饰	FINISHES	FIN

图 10.d　专业代码样例

10.8 文件夹结构

新的工作流要求对项目文件使用新的组织方法。对文件夹结构进行标准化有助于更好地对 BIM 系统进行使用，并有助于进行更好的数据管理。

在制订文件夹结构时，对适合的索引路径和文件夹深度进行测试是很重要的。

对项目文件组织管理的第一步，是使用那些为组织级工作范围而制订的文件夹结构。

典型的 BIM 项目文件夹应根据如下原则进行分类：

1. 数据分类

第一级别的文件夹是为了按照信息的分类对文件进行分割（参考 10.1 节 数据分类）。

- 工作文档。
- 发布的。
- 收到的。
- 归档的。

2. 数据应用

第二级别的文件夹是根据文件的类型或内容对文件进行分类（参考 10.5 节 BIM 文件分解）。

- 模型。
- 图纸。
- 构件对象库（项目专用）。

在对文件夹结构进行管理时应注意如下关键内容：

- 按照文件夹命名标准执行。
- 在为文件夹命名时，应避免全部使用大写字母。
- 使用前缀数字来组织文件夹的排列顺序。
- 保持文件夹结构足够灵活，从而能够按照项目特殊的要求来增加或减少。
- 对项目团队成员进行培训，使其孰知所提出的文件夹结构和命名规则。
- 对所有项目管理相关文件采用单独的文件夹组织体系。该文件夹组织体系应在 BIM 相关文件夹外。
- 对项目文件要经常维护，并保证这些文件夹不含临时文件和垃圾文件。
- 对项目文档进行经常性的归档，从而避免损失信息。

所在皆有用，
万物都有其所在
Place for everything
&
everything in its place

在 BIM 的价值得到认可之后，全世界公共、私营的行业机构为支撑起 BIM 的应用而制订了 BIM 相关标准。

新加坡、英国、迪拜等国家或地区的相关建筑法规管理机构对 BIM 的使用进行了强制性规定，以确保整个建筑行业生产效率的提升。

1. 官方的 BIM 规范 （Mandating）

在一些国家中，全国范围的建筑业 BIM 化得到了鼓励。由政府相关部门制定的 BIM 强制规定要求项目利益干系人在不同程度上将 BIM 作为主要的流程工具。强制规定也是根据项目的规模、类型逐步地实行。

这样的 BIM 强制使用规定在促进全行业的 BIM 应用的同时，也存在一些问题。当作为强制规定时，很多情况下对 BIM 的使用仅为实现强制要求的内容，而没有完全实现 BIM 真正的潜在价值。同时，在紧凑的项目工期结束之前就要在传统的管理中执行 BIM，于是就存在因为缺乏时间进行恰当的规划而导致出现失败的可能性。这可能导致项目团队对 BIM 失去信心，而不愿意再次去使用。然而，经过良好计划的路线图和来自政府部门的支持，可有效提升全行业的 BIM 执行水平，从而提高全行业的生产效率。

2. 民间的 BIM 指南

在认识到 BIM 的优势后，一些私营的行业内组织和关键的早期 BIM 应用者（Adopter）一起制定了 BIM 标准，以支持组织内、外部各方。这类 BIM 指南成为了服务项目团队和其他对 BIM 充满热情的人士的一个良好开端。

3. 新加坡

现在亚洲很多国家都视新加坡（BIM 早期应用者之一）为领袖而进行追随。

新加坡是第一个采用策略性的路线图来强制实施 BIM 的国家，并将 BIM 作为其国家建筑业生产力提升计划的一部分。

在新加坡，公有项目引领全国范围内 BIM 的实施。新加坡的建筑工务署（BCA）除了提供标准和培训方面的支持外，还运用 BIM 方面的基金激励各种 BIM 实施活动。

4. 英国

英国在 2011 年政府的建筑战略中就规定：从 2016 年起，全部公有项目将强制使用 BIM 来促进项目各方的合作。该战略旨在降低工程成本，并将碳足迹（Carbon Footprint）降低 20%。

5. 美国

作为最早开始使用并享受到 BIM 收益的国家之一，美国显然已经具有了一套成熟的标准。联邦总务署（GSA）只要求在全部重大项目（Major Projects）中的设计阶段针对空间设计工具强制使用 BIM。

6. 下一步

尽管本书已包含了在组织内实施 BIM 相关的大多数方面，而要进一步推进这个学习的过程，还需要进行大量的研究。

为在 BIM 领域的职业路线获得成功，读者应注意如下这些关键问题：

- 学习项目管理专业的基本原理。
- 理解基本的合同语言。
- 学习对复杂的整合的 BIM 模型进行管理。
- 随时学习最新的软件工具。
- 对硬件有更多的了解。
- 持续保持从事实操工作。
- 培训时采用有效的沟通方法。

第1章

【BIM modeling 和 BIM management 的统一翻译问题】

本书统一翻译为：BIM 过程/BIM 管理。省去对 Building Information Modeling 的翻译，而采用缩写词 BIM 作为一个专有名词，不再拆分翻译。

这个翻译的难点在于 modeling，没有很好地对应中文，许多译法都容易产生较大歧义，如译为"建模"，其对应的英文实际上是"build a model"，完全偏离了 BIM 的概念。而国内中文常把 BIM 译为"建筑信息模型"，无论 modeling 还是 model 都采用此译法，当然，大家这种约定俗成的理解也是没问题的，但本书很讲究，经常把 modeling 与 management 并列进行阐述，并且都当成专业术语，这样的话就没法躲过翻译的问题了。

所以本书灵活处理。简化使用时，两者分别替换成 BIM 和 BIM 管理这一对组合。在建模一章中，结合上下文语境，也灵活把 modeling 译为建模。

【process、procedure、workflow 一组词汇的翻译问题】

process 在中文里常被翻译为过程、流程等术语，在本书翻译中将会视语境而灵活使用。一般在宏观范围中译为过程，在微观具体范围中译为流程。BIM 作为一个过程的概念，是宏观理论层面上的，所以此处译为过程。理解这个概念，对于解读 modeling 这个术语十分关键，ing 这个后缀是英文的语言现象，是动名词，既不同于名词、也不同于动词，意指某种动态的过程，而这种语言现象在中文里不多见，所以较为难译。

本书所描述的"BIM 过程"与 NBIMS 标准的经典描述相类似，但是这个描述较为不易被业已凝固的传统 AEC 行业所接受，读者会产生许多疑问：以前并没有对信息进行许多处理不也把楼盖出来了吗？以前的流程不是走得挺好的吗？为何非要一个额外的模型？所有这些都是对于创新技术的正常疑问，尤其是在建筑产业尚未完全实现工业化和信息化的过程中，还会出现更多的疑问，本书为解答这些问题提供了很好的参考资料。

作为中国读者，在看待这些来自发达国家的建筑的作业过程时，也不免会对号入座，的确，在名词术语上几乎是完全一样的，如规划、初步设计、扩初设计、施工、维护，只有少数缺位，如 programming、commissioning。但是，由于发达国家比较早地就实现了建筑产业化、信息化，所以其流程的表现形式和实际内涵，与国内差异较大。从历史发展过程来看，甚至于可以说这是两三个代际的差异，发达国家的现状正是中国建筑业所追求的未来，在这个历史进程中，中国将会充分借助 BIM 等创新技术力量进行跨越式发展。

在 process-procedure-step 这个序列中，统一译为：过程 - 流程 - 步骤。work-flow 则灵活处理，以工作流、业务流、工作流程为主。

【traditional linear，译为传统线性流程】

从传统线性流程走向 IPD，这是建筑行业历史进程的大趋势，在论述 BIM 价值时是可以长篇大论的，这也是本书的第一个重点。

值得注意的是，由于国内外的传统线性流程就不尽相同，所以在对照国内外情况时不可全部对号入座，尤其在项目早期、施工图和末尾几个阶段上，后文会对此进行更多的注释。

【spreadsheet，译为图形与数据表】

项目信息的格式，从 IT 的古典时代以来就一直是图形和数据表这两大类，这是 IT 技术的天然限制。至今随着 BIM 技术的发展，两者才很好地融合了起来，而不是以前的"分离 + 集成"的方法。而且 BIM 技术还能够进一步对接更为高级和复杂的信息技术，如 VR、AR、IoT 等，还会集成更多的数据格式，这导致 BIM 成为古典时代以来第一个打开未来无限可能的里程碑式的技术代表。

【documentation 和 specification】

documentation 这一流程阶段经常被翻译为"施工文档",也常被国内对应到施工图阶段,即由国内设计院绘制详细施工图,然后交给施工方去施工,施工方不许出图,只允许"按图施工",即使由施工方绘制出现场变更图纸,也要交由设计院签字批准。

但是,国外的设计方一般并不绘制施工图(shop drawing),这个 document 并不是指施工图,而是一本厚厚的文档,外加少量图纸(实际上是扩初图)。文档部分一般叫做 specification(技术规范,简称为 spec),documentation 就是指制作 spec 等文档的过程。美国的 spec 常用 MasterFormat 分类编码方法编排章节内容,这是类似 e-spec 的软件可以与 BIM 模型轻松集成的天然优势(两者都内置了统一的分类编码,可以自动建立映射对应关系,于是这些类似 e-spec 的软件与 BIM 模型可以轻松地进行集成)。spec 是由设计师主导的对于最终施工成果的描述和规定,是对图纸表达方法的补充。当然,从文本数量上来看,页数较少的图纸更像是补充——这个现象与国内正好相反。

至于如何施工则应当是施工方比较擅长的事,故施工图由施工方自行绘制,算是一种由施工方完成的设计工作,尤其国内 BIM 业界常做的二次深化设计、管线综合设计等常由施工方完成。于是设计 model 仅需从深入到扩初,而不似国内的设计方要做到施工图,这就会遇到国内 BIM 业界难解的"模型出图"等问题。

1.1 节

【design development model, construction model】

国外施工图不由设计方绘制,而由施工方绘制,因而设计方只做到扩初模型,接下去就是施工模型了,而国内则还有一个施工图环节在其间。这是国外流程显著不同于国内而导致的现象。

1.2 节

【BIM management】

此处给出的 BIM 管理的定义可以看出,"作为管理意义上的 BIM 过程(BIM

as management）"这个新概念显著不同于传统的一般性的信息管理，即使是专业领域的工程信息管理（PIM），也与之不同。这完全是 BIM 时代特有的新概念，是基于 3D 模型的信息管理，且贯穿于全生命期，这都是新鲜事物，对于建筑领域的古典的信息化来说，这可以看作是革命性的特征。这个内涵也导致有人把 BIM 的 M 理解为 Management。

1.3 节

"全方位提升生产力/生产率"这个提法很好，发达国家的生产力水平本来就远高于中国，倘若 BIM 还能够对他们产生大幅度提升，那么对于中国来说，那可就是极为难得的"跨越式"发展的契机。

【RFI，Request For Information，译为工程洽商单、征询函】

RFI 是项目介入方用来交流信息的具备法律效应的文件，其数量越多越容易混淆。此种类型的单据在国内也有，但是并无严格的法律意义，所以无法与国外的一一对应，此处只能说大体上相当于洽商或征询，由施工方向甲方或设计方提出的询问某种信息的申请单。

类似的还有 RFP（request for proposal），这是甲方对某种建议书的征询函，对应的是特定的邀标形式，但是这个文件却会被对号入座到国内的招标文件。

1.5 节

【silo BIM，译为孤立的 BIM】

silo 是计算机行业画流程图时常用的筒仓形状，意指相互独立的数据库。在 BIM 语境下，有所谓"siloed collaboration"筒仓式的协作，意指设计、施工和运营三大环节都视为孤立的数据库，只在环节内进行协作，不进行环节之间的数据协作。这种方式是初级的 BIM，是学习过程、过渡期间的典型做法，逐渐将会被全过程的整合的新流程所取代。

1.6 节

【organization-level，in house，office】

organization 可以理解为一个设计院这样的公司机构，在翻译时灵活使用企业、公司、机构等。其总部（office）一般是在办公楼、办公室中，多为管理者、设计师等人员，与之相对的是工地现场（site 或 field）。在这个办公室里面的都称为 in house，BIM 咨询等外包服务团队到这个办公室里面来服务了，称为驻场式的外包（on site——此 site 指的不是工地，而是前述的 office）。

1.8 节

【COBie，UniFormat，MasterFormat】

三类标准都有相当深厚的历史沉淀，尤其是 COBie，内中的 UniFormat、MasterFormat 体系都是北美地区超过半世纪积累的成果，数以万计的企业和项目上传了带有统一编码的数据，大量凝聚在这些分类体系的工程数据已堪称大数据了。

NBIMS 有句关于 BIM 标准的话很值得深思：The activity relies upon common English，standard construction terminology，and classification standards. 意思是这些行为依赖通用英语、标准的建筑业术语定义和分类法标准。这三样在中国都很缺乏。

国内在学习国外标准时，分类编码很容易制定，但是数据积累上是最大的缺项，而且是基础性的，一时间也没有好办法补足。像国内传统上使用率最高的分类编码是造价定额，但是每个地方定额都不一样，且同一个地方的定额中每次编修时都会重新编码，于是同一个条目的编码所凝聚的工程信息就仅能适用于很局限的范围。

【element level，译为构件级】

本书多处出现 element，也是多义词，在房屋建筑之中统一理解为门窗、楼梯设备这样的建筑实体构件，全译为"建筑构件对象"，简称为构件。在 Revit 软件中则还包括空间对象、尺寸标注、符号等非实体的对象，被译作"元素"。

"构件级"是在软件中相对于 CAD 时代的"线条级"而言的，其构件是有明确的工程对象意义的，而不似 CAD 线条只有几何意义。在建筑构件系统中则是相对于整个项目尺度而言的（考虑这样的序列：建筑整体－各专业系统－分系统－构件），构件级是最细致的级别，例如许多工程文档都可以在 BIM 环境中与具体相关的构件直接关联起来，这些文档就具备了构件级的工程意义，而不似以前仅仅是一份按日期排列存档的文件，内中信息无法被调取处理。

第 2 章

【BIM use】

如果直接将 use 直译为使用，肯定不太合适，译为应用则与 application 混淆。本书灵活采用这个组合译法：BIM 应用。即使单独的 use 一词也译为：BIM 应用。

BIM use 这个说法应取自于宾州州立大学 2013 年的《The Uses of BIM》，其定义为："A BIM Use is defined as a method of applying Building Information Modeling during a facility's lifecycle to achieve one or more specific objectives."。这里被定义为一种针对特定目标的应用 BIM 的方法，其"应用"还是 apply 一词。这里 use 概念的范围比一般的 application 要大、宽泛，可以说是一个巧妙地模糊利用 use 的宽泛的词义来定义这类新鲜事物的语言手法。

【digital representation，译为数据化表现形式】

representation 有许多意思，如描述、表述、表达、代表等。在 BIM 的经典描述"BIM 模型是建筑设施的物理与功能的数据化表现形式"中（参考美国 NBIMS 中 BIM 模型的定义：A Building Information Model is a digital representation of physical and functional characteristics of a facility.），这个术语成为了 BIM 的基础定义的一部分，如何理解它，在一定程度上影响了对 BIM 的理解。

每个建筑物从设计到建造出来，不是一个人能够完成的，它从来都是一个协作的过程，不仅在建筑材料的实体操作上存在协作，更是在人们之间的信息沟通上存在大量复杂的协作。任何两个人之间进行信息的协作，首先需要传递信息，这个传递最本质的过程是：甲将"虚拟的建筑"表述给乙，乙明白了甲的意思，然后将"实体的建筑"建造出来。表述需要媒介，从口头语言、纸笔到图纸、模型，它们都是 Laiserin 所说的"心灵的眼睛"（引自《BIM 的衍生 第二部分：过程创新》，《建筑创作》杂志，2011（12），P139-P145）。

在一定意义上，BIM 模型正是为了解决建筑表述上的困难而产生的。在表现形式的技术上、手段上，相比于过去任何一种技术来说，BIM 模型成为"虚拟的建筑"的代表都是当之无愧的。当然，如果在翻译上使用表述、代表等，则会很难理解，只有数据化表现形式的歧义最小。

【Building elements，译为建筑构件】

国内尚未对建筑的组成系统的名词术语进行统一，各个专业的叫法不尽相同，虽然之于工程经验丰富的人交流起来毫无障碍，但是对于行将彻底计算机化的 BIM 来说则是大问题。建筑各专业系统的组成部分的定义，在 building element 这个最笼统的术语上就很难找到合适的中文对应词汇，也就是说目前国内尚无一个单一词汇就可以涵盖所有的建筑系统的基本组成部分。

土建专业对于构件比较熟悉，随处可见的预制构件厂就用"构件"一词，但是其他专业如机电、装饰等就没有这个叫法了。采用本译法的唯一原因仅在于其歧义比"建筑元素"更少、更易于理解。

2.1 节

【programming】

工作空间规划，是在设计院介入项目之前的策划阶段进行的一项工作，主要是研究、论证整个项目的需求、核心设计指标和工程建设相关因素，一般由建筑设计顾问和甲方 FM 部门一同完成。国内无此专业，常被对号入座到国内的前期策划或可行性研究。

相应的，programming 发生的阶段被称为 pre-design（PD）阶段。

2.3 节

【facility management】

统一使用"FM"这个专业术语缩写，而不要直译为极易引发歧义的"设施管理"。如果在描述一种管理模式，则译为"FM 管理"（2.4 节），相应的，facility manager 译为"FM 经理"。

FM 专业产生于 20 世纪 80 年代的美国，承接了传统的设备运维管理、基建项目管理、办公室行政后勤管理、不动产管理等传统专业，整合在一起就演变成了今天的 FM 管理专业，且整合度越来越高，但是其名称仍然主要沿袭传统，少数跨国企业则开始使用时髦的"工作空间管理"（workplace management）。这个整合过程在我国还正处于进行时，还未完全定型，故专业名称上也没有统一。

facility 一词是多义词，本书语境下应主要理解为工作场所、工作空间之意，其包含了建筑、设备设施等硬件，及其相应的维修维护、工作空间分配管理、办公资产管理等各类服务，软硬件服务都涵盖在内的一个整体才等同于 facility 之意，而不限于设备（equipment）。

【LCC，life cycle cost，译为全生命周期成本】

这里需要阐明一下成本的主体方：一个拥有建筑设施，使用它并且为此付费的主体机构。国外则有一个 FM 管理当局作为现成的主体方，大家都熟知，故而常略去这个主体方，而在国内则易忽略此重大信息。这个主体方是唯一能够考虑全生命周期事务的专业管理团队，成本是其最重要的考量决策依据，尤其是决策要不要盖楼（同时还有租用和买楼的可能性），这种决策称之为"租买建"决策。这个决策最核心的依据就是全生命周期成本（LCC），也称为 TCO（total cost of ownership，总拥有成本）。只有决定了要盖楼，才会涉及建筑行业，建筑行业则主要关注造价，而不太关注这个总拥有或全生命周期成本。

利用5D模型进行能源效率的分析，由于能耗都发生在建成之后的运营阶段，而且能耗是运营成本的最大项之一，所以这是一个LCC话题，而且是LCC研究之中相当重要的课题。能够在建设期间就准确预测、模拟未来运营的能耗，对要不要盖楼（替代性选择即为买楼和租楼，这两种方案的能耗情况都容易得知）的决策都会产生相当的影响，更不用说用于决策采用哪个设计方案了。即使进入到了运营阶段，随着各方面情况的变化，也会需要对能效的表现进行不断地再次评估和改进，这种改进既包括运营管理策略上的，也有可能涉及工程改造，这些工作都会利用上述5D模型及其数据进行分析，所以这个模型在全生命周期之中都持续发挥着作用（参考GSA《BIM指南5－能源》，这本书给出了很好的BIM能源分析模型）。

2.4 节

【building performance，译为建筑效能】

建筑效能是从HR的员工绩效表现上借鉴过来的，KPI考核就是绩效表现的考核指标，国内建筑行业还没有这个概念，于是就经常被误解为建筑性能。效能是建筑运营的效果，是针对一个特定使用方而言的，倘若无此使用方，如废置的房屋，则无效能可言。此时，房屋只有其物理性能（capability），而无效能（performance）。

FM就是使用方（occupant）派出的管理主体，这个FM管理当局对建筑物的需求在一定程度上就等同于建筑效能，因此在建筑项目很早期的阶段，甚至于还在进行"租买建"决策时，还没有决定要盖楼，就要分析建筑运营起来的效果，即programming，BIM技术就开始产生作用了。接下来在设计和施工过程中要不断检验其是否符合原先预计的效果，即commissioning，就更需要BIM技术了。

最终用户（end user = occupant）想要的那种建筑效能，是连同FM管理模式、建筑过程（programming和commissioning等过程）和BIM整合技术在内的一整套先进的生产方式的终极目标。这就是中国的建筑行业需要学习的下一代的生产方式，在 BIM 的语境中被完整地揭示出来了。

【commissioning，简称为 Cx】

commissioning 这个词来源于船舶行业，是指建筑系统的试运行和功能验证，不是仅针对机电系统，而是针对 PD 阶段确定的所有的建筑系统功能进行的测试。国内无此专业，但常被对号入座到竣工验收的机电系统调试。执行 Cx 的是 CA（Cx agent）顾问，他会在各个阶段参与到项目中去，甚至于在设计阶段就开始利用 BIM 模型"模拟将来系统的运行情况"。

第 9 章

【BIM Library，译为 BIM 构件对象库】

这个词取自计算机行业的"函数对象库"，object 常被省略。借鉴到 BIM 领域可以理解为由一个个建筑构件对象模板组成的库，译为"构件对象库"，绝大部分内容是建筑的构件单元。专指建筑构件时是"建筑构件对象库"，常简称为"构件库"。如果不是指建筑对象，如标记尺寸符号等，则去掉建筑即可。

相应的管理员称为 BIM librarian（可以译为"BIM 构件对象库管理员"）。

第 10 章

10.5 节

【site-parcel-block】

场地 – 集合 – 小块，是切分模型的三个层级，从大到小进行排序。集合的规模尺度如一个消防分区范围，小块则是指其中的一个个的设备、空间和土建构件。这是为了避免模型尺寸过大而进行的切分。

图书在版编目（CIP）数据

BIM 的关键力量/（新加坡）凯泽（Kesari Payneni）著；潘婧，刘思海，苏星译. —北京：机械工业出版社，2017. 10（2018. 6 重印）

（BIM 先进译丛精读系列）

书名原文：BIM Specifics：An illustrative guide to implement Building Information Modeling

ISBN 978-7-111-58194-9

Ⅰ. ①B… Ⅱ. ①凯… ②潘… ③刘… ④苏… Ⅲ. ①建筑设计 - 计算机辅助设计 - 应用软件 Ⅳ. ①TU201. 4

中国版本图书馆 CIP 数据核字（2017）第 245288 号

机械工业出版社（北京市百万庄大街22 号　邮政编码100037）
策划编辑：刘思海　责任编辑：刘思海
责任校对：王　延　封面设计：鞠　杨
责任印制：常天培
北京铭成印刷有限公司印刷
2018 年6 月第1 版第2 次印刷
184mm×260mm · 12 印张 · 2 插页 · 158 千字
3001—5000 册
标准书号：ISBN 978-7-111-58194-9
定价：49. 80 元

凡购本书，如有缺页、倒页、脱页，由本社发行部调换
电话服务　　　　　　　　网络服务
服务咨询热线：010-88361066　　机 工 官 网：www. cmpbook. com
读者购书热线：010-68326294　　机 工 官 博：weibo. com/cmp1952
　　　　　　　010-88379203　　金 书 网：www. golden- book. com
封面无防伪标均为盗版　　　　教育服务网：www. cmpedu. com